I0047938

Rafael Arango Y Molina

Contribución a la fauna malacologica cubana

ISBN/EAN: 9783337274160

Printed in Europe, USA, Canada, Australia, Japan

Cover: Foto ©berggeist007 / pixelio.de

Rafael Arango Y Molina

Contribución a la fauna malacologica cubana

CONTRIBUCION

A

FAUNA MALACOLOGICA CUBANA

POR

RAFAEL ARANGO Y MOLINA.

HABANA.
Imp. de G. Montiel y Comp.,
Calle de la Amargura, num. 36.

INTRODUCCION.

La falta de un Catálogo general de nuestros Moluscos se dejaba notar ya entre nosotros; y esta circunstancia me ha decidido á escribir el presente.

De terrestres y fluviales existen varios, unos publicados por el Sr. Poey en sus «Memorias sobre la Historia natural de la Isla de Cuba», otros por mí que vieron la luz en el «Repertorio físico-natural de la Isla de Cuba», que se publicó bajo la direccion del mismo Sr. Poey.

Con respecto á marinos, solo conozco el Catálogo publicado por Mr. John Edwards Gray, titulado: *List of the Shells of Cuba in the collection of the British Museum*, que viene á ser como un índice del tomo de Moluscos publicado en la «Historia física, política y natural», por el Sr. D'Orbigny: en este aparecen enumeradas 561 especies, de las cuales hay que deducir 102 terrestres y fluviales, quedando reducidas á 459 las especies marinas.

Todo se ha refundido en el presente, se adiciona intercalando descripciones de especies nuevas (cuya redaccion es debida al Sr.

Gundlach); se ponen en la sinonimia especies que hemos visto ser variedades de otras, y por el contrario se separan otras que estaban reunidas y cuyos caractéres internos, como sucede en las Cilindrelas ó anatómicos, nos han revelado ser buenas especies.

No pudiendo hacer uso gráficamente del sistema de Esferas conglobuladas (véase Poey, Mem. I. pág. 357), que en mi concepto es el mejor, he seguido para los terrestres y fluviales el usado por el Dr. Pfeiffer en sus Monografías de *Heliceorum et Pneumonopomorum viventium*, y para los marinos el empleado por D'Orbigny, salvo ligeras modificaciones.

En la familia *Cyclostomatida*, solo acepto como buenos los géneros *Cyclostoma*, *Cyclotus* y *Megalomastoma*, los demás son verdaderos grupos artificiales admitidos por muchos, pero desechados por los hombres de verdadero saber: por el contrario, el Dr. Pfeiffer, en la familia *Helicidae*, sólo acepta como buenos los géneros *Succinea*, *Helix*, *Bulimus*, *Spiraxis*. *Achatina*, *Oleacina*, *Pupa*, *Pineria*, *Macroceramus* y *Cylindrella*: yo acepto además *Pupoides*, *Melaniella*, *Balea*, *Pseudobolea*, *Stenogyra*, *Streptostyla*, *Subulina*, *Euspiraxis*, *Cæcilianella* y *Vertigo*.

En los marinos aparecen muchos géneros que considero sólo como grupos naturales; y cuando no he podido formarlos, por desconocer muchas especies, he encabezado con el género principal, y puesto al final el género ó subgénero á que pertenece.

El nombre del autor se refiere á la especie y está seguido de la sinonimia principal, procurando citar la primera obra en que fué descrita, otra en que se halle figurada, y en cuanto á los terrestres, la de los últimos tomos de las citadas Monografías del Dr. Pfeiffer, á cuyas obras remito á los que deseen conocer la sinonimia completa.

Doy la localidad de cada especie, expresando todos los lugares de la Isla en que se halla; y procurando precisar el sitio en que se encuentran, que en muchas especies es muy limitado; así como tambien añado los diversos lugares que habitan algunas fuera de la Isla: en este caso se encuentran, de los terrestres y fluviales 62 especies, la mayor parte perteneciente á la familia *Auriculadæ*, y de los marinos mucho mayor número: téngase presente que la Isla de Pinos y los Cayos que circuyen la Isla son considerados como parte integrante de Cuba.

Los nombres manuscritos, ó mejor dicho, los nombres que han aparecido en diversas obras sin descripcion, han sido referidos á sus respectivas especies.

La paginacion aquí citada de la obra del Sr. Sagra es la de la edicion española.

El signo de ! puesto al lado de la patria indica que ha sido hallado allí por mí mismo.

El número de especies hoy conocidas y descritas es de 614 terrestres y fluviales y de 671 el de las marinas, que forman un total de 1285 especies: exceptuando algunas pocas en lo que toca á los terrestres y fluviales, todas se hallan en mi coleccion representadas con profusion de ejemplares típicos y numerosas variedades: en las marinas faltan muchas más, especialmente pequeñas, lo que es debido en parte á que no hemos puesto el empeño por adquirirlas que en los terrestres y fluviales, y á la mayor dificultad de procurarlas en las profundidades del mar: muchas tenemos aun sin nombres que no figuran en el Catálogo.

Toda mi coleccion malacologica Cubana se halla hoy en la Real Academia de Ciencias médicas, físicas y naturales de la Habana, mediante cesion gratuita que de ella hice á esa Corporacion: allí encontrarán los que se dediquen al estudio de la Malacología tipos con que comparar las especies que adquieran.

MOLUSCOS TERRESTRES Y FLUVIALES.

ASPECTO DE LAS FAMILIAS.

I. Cephala (Gastropoda)
  A. Pulmonata
    a. terrestria
      * dioica (dicerata)
        ‡ operculata
          † peritrema continuum
            . ectophtalma
              1. *Cyclostomatida*: Choanopoma, Ctenopoma, Diplopoma, Adamsiella, Licina, Cyclostomus, Tudora, Cistula, Chondropoma, Cyclotus, Megalomastoma.
            .. opisophtalma
              2. *Trncatedillae*: Truncatella, Blandiella
          †† peritrema marginibus disjuntum.
              3. *Helicinidae:* Trochatella, Helicina, Alcadia.
        ‡‡ inoperculata (oculis extrorsum positis)
              4. *Proserpinidae:* Proserpina
      ** androgina
        ‡ dicerata (inoperculata, oculis ad basim posticam vel internam tentaculorum positis)
              5. *Auriculidae:* Melampus, Pedipes, Plecotrema, Blauneria, Leuconia.
        ‡‡ tetracerata (inoperculata)
          testacea

5. *Helicidae:* Helix, Bulimus, Macroceramus, Pineria, Pupoides, Melaniella, Balea, Pseudobalea, Stenogyra, Spiraxis, Achatina, Oleacina, Streptostyla, Subulina, Euspiraxis, Caecilianella, Pupa, Vertigo, Cylindrella, Succinea.

. nuda

7. *Limacidi:* Vaginulus

b. fluviatilia

8. *Limnaeadae:* Limnaea, Physa, Planorbis, Segmentina.

B. Pulmobranchiata (amphibia, androgyna, dicerata, inoperculata)

9. *Ancylidi:* Ancylus, Gundlachia, Poeyia.

C. Pectinibranchiata (dioica, dicerata, operculata)

10. *Ampullaridae:* Ampullaria, Paludina, Paludinella, Amnicola.

11. *Melaniadae:* Melania.

12. *Neritinidae:* Neritina.

II. Acephala (Lamellibranchiata)

13. *Cycladidae:* Sphaerium, Pisidium.

14. *Naïadeae:* Unio.

TERRESTRES.

FAM. CYCLOSTOMIDAE.

Gen. Cyclostoma.

Choanopoma.

Ch. mayusculum Mor.

Cyclostoma mayusculum Mor. Test. novis. II pág. 19.
,, *mactum* Poey Mem. I p. 96, 144 lám. 8, f. 6-12.
Choanopoma mayusculum Pfr. Mon. Pneum. Suppl. II. p. 100.

Habita.—Entre las piedras y hojarasca en *Rangel!*, *Sierra de Jíquima* (Wright), *Rancho Lúcas* (Gundl.), *Pan de Guajaibon!*, del cafetal "*La Villa!*" en Candelaria, todas localidades de la Cordillera de los Organos.

Ch. Bebini Arango

Cyclostoma Bebini, Arango mss.
Choanopoma Bebini Pfr. Mon. Pneum. Suppl. II p. 100.

Habita.—En las palmas de las cercanías de las lomas del *Cuzco!*

Ch. Blaini Gundl.

Cyclostoma Blaini Gundl. mss.
Choanopoma Blaini Pfr. Mon. Pneum. Suppl. II p. 101.

Habita.—En la *Sierra de Güira!*, *Isabel María* (Wright), *Pan de Azúcar!*, *Sumidero!* y otras localidades de la cordillera. de los Organos.

Ch. minimum Gundl.

Cyclostoma minimum Gundl. in Mal. Bl. V. 1858, p. 45.
„ „ Rve. Conch. ic. sp. 152, t. 22.
Choanopoma minimum Pfr. Mon. Pneum. Suppl. II p. 101.
Habita.—En los árboles y piedras de *Guisa* en Bayamo. (G).

Ch. tractum Gundl.

Cyclostoma tractum Gundl. in Mal. Bl, V. 1858, p. 45.
Choanopoma tractum Pfr. Mon. Pneum. Suppl. II. p. 102.
Habita.—En las piedras y hojarasca de *Guisa* en Bayamo. (G).

Ch. Jiguanense Pfr.

Choanopoma Jiguanense Pfr. in Mal. Bl. 1861, VIII. p. 223; Mon. Suppl. II p. 102.
Especie próxima á la anterior, difiere por la escultura fina, el peritrema ménos dilatado y el opérculo con meseta concéntrica, con una lámina interna que apénas completa una vuelta.
Habita.—En *Jiguani* (Wright).

Ch. perplicatum Gundl.

Cyclostoma perplicatum Gundl. in Mal. Bl. IV. 1857 p. 177.
„ „ Rve. t. 21, f. 38.
Choanopoma perplicatum Pfr. Mon. Pneum. Suppl. p. 103.
Habita.—En las piedras de las cercanías de *Cabo Cruz* (Gundl).

Ch? elongatum Wood.

Turbo elongatus Wood Index Suppl. I. p. 36, t. 6. f. 10.
Ctenopoma argutum Pfr. Mon. Pneum. Suppl. II. p. 114.
Parecido al anterior, tiene las costillas más fuertes, ménos numerosas y la sutura sin crenulaciones.
Habita.—Hallado muerto en *Santiago de Cuba* (Gundl).

Ch. Sauvallei Gundl.

Cyclostoma Sauvallei Gundl. mss.
Choanopoma Sauvallei Pfr. in Mal. Bl. X. 1863, p. 192; Mon. Pneum. Suppl. II. p. 103.
Habita.—En las piedras cerca del cauce del rio de los *Baños de San Diego* (Gundl.), en las de *Viñales*, *Caiguanabo* y la *Chorrera* (Wr.) y en *Galalon!* y *Sierra de Güira!*

Ch. Arangianum Gundl.

Cyclostoma Arangianum Gundl. in Mal. Bl. IV. 1857 p. 177.
Rve. t. 21. f. 139.

Choanopoma Arangianum Pfr. Mon. Pneum. Suppl. II p. 103.

Habita.—En los árboles y piedras del Cafetal *Buenavista* en la jurisdiccion de Bayamo (G.), de *Brazo de Cauto* en la de Santiago de Cuba (G.) y de *Purgatorio* en el Cabo Cruz (G.). La var. mayor de perístoma rojo habita en el *Pico de Turquino.*

Ch. Lechneri Pfr.

Choanopoma Lechneri Pfr. in Mal. Bl. VIII. 1861, p. 223; Mon. Pneum. Suppl. II. p. 103.

Habita.—En las piedras del ingenio *El Coco!* y de la *Catalina* en Sagua de Tánamo.

Ch. Troscheli Pfr.

Choanopoma Troscheli Pfr. in Mal. Bl. XI. 1864. p. 103; Mon Pneum. Suppl. II. p. 104.

Habita.—En los *Cayos de San Felipe*, hato en Pinar del. Rio (Wr.).

Ch. Storchi Pfr.

Choanopoma Storchi Pfr. in Mal. Bl. VIII. 1861 p. 222; Mon. Pneum. Suppl. II p. 104.

Habita.—En los paredones de *Cayo del Rey* (Wr.), hacienda situada en Mayarí.

Ch. sordidum Gundl.

Cyclostoma sordidum Gundl. in Poey Mem. II. p. 11; in Mal. Bl 1856, p. 39.

Choanopoma sordidum Pfr. Mon. Pneum. Suppl. II p. 105.

Dice Gundlach: «*Differt a* **C. rotundato Poey** *forma ovato-oblonga et peritremate distincto; ab* **honesto** *absentia pone aperturam nec non forma testae.*»

Habita.—En los lugares pedregosos de los *Baños de San Diego* (Gundl.), *Viñales* y *Cayos de San Felipe* (Wright) y otras localidades de Vuelta-abajo.

Ch. Daudinoti Gundl.

Cyclostoma Daudinoti Gundl. mss.

„ „ Rve. Conch. ic. sp. 151 t. 22.

Chaonopoma Daudinoti Pfr. Mon. Pneum. Suppl. II p. 105.

Parecido a *Ct. nodulatum* Poey, del que se diferencia además del opérculo, por tener la sutura perlada.

Habita.—En las piedras de *Monte Toro* en la jurisdiccion de Guantánamo. [Gundl.].

Ch. hystrix Wright.

Cyclostoma pterostomum Wright mss. olim.
,, *hystrix* Wright. mss.
Choanopoma hystrix Pfr. in Mal. VIII. 1861, p. 221; IX, 1862, p. 2, tab. 1, f. 1-3; Mon. Pneum. Suppl. II p. 105.

Habita.—En los paredones de la hacienda *Cayo del Rey* [W.]

Ch. Humboldtianum Pfr.

Choanopoma Humboldtianum Pfr. in Mal. Bl. XIV. 1867, p. 150.

Habita.—En la jurisdiccion de *Santiago de Cuba* [Sagebien.]

Ch. echinus Wright.

Cyclostoma echinus Wright mss.
Choanopoma echinus Pfr. in. Mal. Bl. XI. 1864, p. 102; Mon. Pneum. Suppl. II. p. 106.

Habita.—En los paredones de los despeñaderos de *Viñales* [W.]

Ch. decoloratum Gundl.

Cyclostoma decoloratum Gundl. in Mal. Bl. VI, 1859, p. 70.
,, ,, Rve. Conch. ic. sp. 150, t. 22.
Choanopoma decoloratum Pfr. Mon. Pneum. Suppl. p. 107.

Habita.—En los paredones de *Monte Toro* [Gundl.)

Ch. Pretrei Orb.

Cyclostoma Pretrei Orb. in Sagra, p. 145, lám. 22, f. 9-11.
Choanopoma Pretrei Pfr. Mon. Pneum. Suppl. II p. 107.

Habita.—En los paredones del *Pan de Guajaibon!* y de *Rancho Lúcas* [Gundl.].

Ch. Yaterasense Pfr.

Choanopoma Yaterasense Pfr. in Mal. Bl. 1859, p. 71; Mon. Pneum. Suppl. II. p. 109

Bastante parecido á *Ch? alatum Pfr.*, difiere por mayor altura en proporcion al diámetro, por la escultura, por el color y por el liston filiforme que circuye el ombligo.

Habita.—En los paredones de *Yateras* en Guantánamo. (G.)

Ch Yunquense Pfr.

Choanopoma Yunquense Pfr. in Mal. Bl. 1860, p. 26; Mon. Pneum. II. p. 108.

Habita.—En los paredones de la cima del *Yunque* de Baracoa! á 1200 varas sobre el nivel del mar.

Ch. fragile Gundl.

Cyclostoma fragile Gundl. mss.
,, ,, Rve. Conch. ic. sp. 153, tab. 23.
Choanopoma fragile Pfr. in Mal. Bl. VI, 1859, p. 70; Mon. Pneum. Suppl. II. p. 108.

Habita.—Debajo de las piedras de *Monte Toro* en Guantánamo. (Gundl.).

Ch. eburneum Gundl.

Cyclostoma eburneum Gundl. mss.
Choanopoma eburneum Pfr. in Mal. Bl. V. 1858, p. 188; Novit. Conch. I. p. 193, t. 51, f. 17-18; Mon. Pneum. Suppl. II. p. 109.

Habita.—En las piedras del *Ramon*, localidad de la jurisdiccion de Santiago de Cuba. (Gundl.)

Ch. auricomum Gundl.

Cyclostoma auricomum Gundl. mss.
,, ,, Rve. Conch. ic. sp. 90, t. 14.
Choanopoma auricomum Pfr. in Mal, Bl. VI. 1859, p. 71; Novit. Conch. I. p. 194 t. 51. f. 19-21; Mon. Pneum. Suppl II. p. 110.

Habita.—Debajo de las piedras en la *Caimanera* de Guantánamo. [Gundl.]

Ch. putre Gundl.

Cyclostoma putre Gundl. mss.
Choanopoma putre Pfr. in Mal. Bl. X. 1863, p. 193; Mon. Pneum. Suppl. II p. 110.

Habita.—Debajo de las piedras de *Yateras* en Guantánamo [Gundl], y de *Imias* y *Tacre!* haciendas de la costa Sur de Baracoa.

Ch?. alatum Pfr.

Cyclostoma alatum Pfr. in Proc. Zool. Soc. London, 1851, p. 250
,, ,, Rve. t. 23, f. 161.

Choanopoma? alatum Pfr. Mon. Pneum. Suppl. II. p. 110.

Habita.—En los paredones de las montañas entre *Guantánamo* y *Holguin* (Gundl.). La var. mayor entre *Damajagua* y *Guantánamo* [Wright.].

Ctenopoma.

Ct. torquatum Gutz.

Cyclostoma torquatum Gutz. Poey Mem. II. p. 34, tab. 1. f. 2.
Ctenopoma torquatum Pfr. Mon. Pneum. Suppl. II. p. 112.

Habita.—En *Cienfuegos* [Cisneros, Gutierrez.]

Ct. echinatum Gundl.

Cyclostoma echinatum Gundl. in Mal. Bl. IV. 1857, p. 176.
Ctenopoma echinatum Pfr. Mon. Pneum. Suppl. II p. 103.

Habita.—En el *Júcaro* y otras cercanías de Cabo Cruz (Gundl.)

Ct. honestum Poey.

Cyclostoma honestum Poey Mem. I. p. 103, tab. 7, f. 1–3.
,, *Rugelianum* Shuttl.
Ctenopoma honestum Pfr. Mon. Pneum. Suppl. I. p. 105.

Habita.—Debajo de las piedras en *Almendares!* cerca de la Habana.

Ct. undosum Gundl.

Cyclostoma undosum Gundl. mss.
Ctenopoma undosum Pfr. in Mal. Bl. X. 1863, p. 193; Mon. Pneum. Suppl. II. p. 113.

Habita.—En las piedras y paredones de la *Sierra de Güira!*

Ct. pulverulentum Wright.

Ctenopoma pulverulentum Wright mss. Pfr. in Mal. Bl. X. 1863, p. 103; Mon. Pneum. Suppl, II. p. 113.

Habita.—Hallado muerto en *Isabel María*, hato de la jurisdiccion de Pinar del Rio. (Wright.)

Ct?. bufo Pfr.

Ctenopoma? bufo Pfr. in Mal. Bl. XI. 1861 p. 104; Mon. Pneum. Suppl. II. p. 113.

Habita.—Hállase en la entrada de la cueva de *Malaño* en Guantánamo (Wright.).

Ct. rotundatum Poey.

Cyclostoma rotundatum Poey, Mem, I. p. 119. tab. 34, f. 19–21.

Ctenopoma rotundatum Pfr. Mon. Pneum. Suppl. II. p. 114.

Se diferencia del *Ct. honestum Poey* por el defecto del tubérculo y por la finura del opérculo, no ménos que por la forma más corta, pues sólo tiene tres vueltas, miéntras que el *honestum* tiene cuatro, la abertura es más redondeada. Estos mismos caractéres lo distinguen del *Ct. nodulatum Poey* y *Ct. rugulosum Pfr.*

Habita.—En las piedras de las lomas de *Santa Cruz de los Pinos* y *Bahía Honda* (Gundl.), de *Rangel!* y de *Guane!*.

Ct. Garridoianum Gundl.

Cyclostoma Garridoianum Gundl. mss.
Ctenopoma Garridoianum Pfr. in Mal. Bl. VII. 1860, p. 26; Mon. Pneum. Suppl. II. p. 114.

Habita.—En los paredones del *Yunque* de Baracoa!

Ct. bilabiatum Orb.

Cyclostoma bilabiatum Orb. in Sagra, p. 144, lám. 22. f. 3, 4, 5, 8, 8'
„ *salebrosum* Mor. Test. noviss. I. p. 23.
„ *Orbignyanum* Petit ni Journ. Conch. 1850, p. 46.
Ctenopoma bilabiatum Pfr. Mon. Pneum. Suppl. II. p. 114.

En algunas localidades toma la testa un color acarminado.

Habita.—En los paredones y piedras de *Rangel!*, *Rancho Lucas* (Gundl.), *Sumidero!*, *Luis Lazo* (Wright), *Guane!* y de casi toda la cordillera do los Organos.

Ct? Van-Nostrandi Arango.

Cyclostoma (*an Ctenopoma?*) *Van-Nostrandi* Arango, in Ann. de la Real Acad. de C. méd. fís. y nat. de la Habana tom. XII. 1876, p. 280.

Habita.—En Cuba. (Wright.)

Ct. rugulosum Pfr.

Cyclostoma rugulosum Pfr. in Wiegm, Arch. I. 1839. p. 356.
„ „ Rve. t. 17. f. 111.
„ *clathratum* Gould, in Bost. Journ. IV. 1842. (En la cubierta.)
Ctenopoma rugulosum Pfr. Mon. Pneum. Suppl. II p. 115.
Cyclostoma verecundum (Poey) Pfr.

Véase la nota de *Ct. denegatum Poey.*

Habita.—Debajo de las piedras en *Caobas* (Gundl.), *Puentes Grandes!*, *Cojimar!*, *Cabañas!*, *Matanzas!*, *Ceiba Mocha!*, *Punta de la Jaula* en Guane (Wright.), é *Isla de Pinos.*

Tambien se encuentra en la *Florida* (Binney.)

Ct. nodulatum Poey.

Cyclostoma nodulatum Poey, Mem. I. pág 104, 106, lám. 5, f. 21–23.

Véase la nota de *Ct. denegatum Poey.*

Habita.—Debajo de las piedras en las cercanías de las *Cuevas de Cotilla!*, de *Matanzas!* de *Managua* (Poey.)

Ct. denegatum Poey.

Cyclostoma denegatum Poey, Mem. II. p. 23, 45.

El Dr. Pfeiffer pretende, que tanto esta especie como el *Ct. nodulatum Poey*, son variedades de su *Ct. rugulosum*; espero que el estudio del animal, especialmente el de los dientes, nos hará ver la verdad. Véanse los caractéres en que se funda el Sr. Poey para mantenerlas separadas: 1º *El* **denegatum** *es el más grande de los tres, la abertura no es muy pequeña, bien separada del borde inmediato y el perítrema externo es muy poco extendido.* 2º *El* **rugulosum** *es de mediano tamaño, lo mismo que la abertura que está poco separada de la vuelta inmediata, el perístoma externo es extendido.* 3º *El* **nodulatum** *es el más pequeño, la abertura es mediana, el perítrema extendido toca á la vuelta inmediata, añádase á esto el nudo en que se apoya el perístoma.*

Habita.—Debajo de las piedras en *Cárdenas, Matanzas!*, *Limonar* (Gundl.), *Artemisa!*, *Casiguas* (Clerch.), *Jaruco!*, *Isla de Pinos* y otras muchas localidades.

Ct. Coronadoi Arango.

Cyclostoma Coronadoi Arango in Poey Rep. Fis. nat. t. II. p. 174. (1867.)

Habita.—En *Sitio Perdido* localidad en la Jurisdiccion de Jaruco.

Ct. immersum Gundl.

Cyclostoma immersum Gundl. in. Mal. Bl. IV. 1857, p. 42.

Ctenopoma immersum Pfr. Mon. Pneum. Suppl. p. 115.

Parecido á **Ct. rugulosum Pfr.** del que difiere principalmente por el operculo.

Habita.—Entre la hojarasca en *Matanzas.*

Ct. nigriculum Gundl.

Cyclostoma nigriculum Gundl. mss.
Ctenopoma nigriculum Pfr. in Mal. Bl. VII. 1860, p. 28; Mon. Pneum. Suppl. II. p. 116.

Próximo á **Ct. caoda Gundl.** el opérculo es liso y la testa de color más oscuro: tambien se aproxima á **A chordata Pfr.**; pero además de las diferencias del opérculo el peritrema es más extenso y crece más rápidamente.

Habita.—En los paredones de *Mata* (Gundl.), el *Yunque!* y otras localidades de Baracoa.

Ct. sculptum Gundl.

Cyclostoma sculptum Gundl. in Mal. Bl. IV. 1857, p. 176.
Ctenopoma sculptum Pfr. Mon. Pneum. Suppl. II. p. 116.

Habita.—En las piedras de las inmediaciones de *Cabo Cruz.* (G).

Ct. Jeannereti Pfr.

Ctenopoma Jeannereti Pfr. in Mal. Bl. VIII. 1861, p. 223; Mon. Pneum. Suppl. II. p. 116.

Habita.—En los paredones de *Monte Líbano* en Guantánamo.

Ct. perspectivum Gundl.

Cyclostoma perspectivum Gundl. mss.
Ctenopoma perspectivum Pfr. in Mal. Bl. VI 1859, p. 72; Mon. Pneum. Suppl. II. p. 116.

Parecido á **Ct. nobilitatum Gundl.**, más cónico, la escultura difiere algo, otro color.

Habita.—En las piedras de *Yateras, Monte Toro* y *Monte Líbano* en la jurisdiccion de Guantánamo (Gundl.)

Ct. semicoronatum Gundl.

Cyclostoma semicoronatum Gundl. mss.
Ctenopoma semicoronatum Pfr. in Mal. Bl. VII. 1860, p. 28; Mon. Pneum. Suppl. II. p. 117.

Habita.—En las piedras y paredones de toda la jurisdiccion de *Baracoa!*

Ct. coronatum Poey.

Cyclostoma coronatum Poey Mem. II. p. 21.

Habita.—Debajo de las piedras en las *Tetas de Managua* (Poey) y en *Canasi!*.

Ct. Torreianum Gundl. n. sp.

«Testa quoad formam et sculpturam similissima testae **Ct. deficientis Gundl.**, sed peritrematis formatio altera est. In **deficienti** peritrema externum irregulariter, patens et undatum in **Torreiano** peritrema externum regulariter, 6 lobulos cum interstitiis aequaliter latis.» (Gundl.)

Habita.—*Mogote de Ceiba Mocha* en la jurisdiccion de Matanzas. (Torre.)

Ct. deficiens Gundl.

Cyclostoma deficiens Gundl. in Mal. Bl. IV. 1857, p. 42.

Próximo á **Ct. coronatum Poey**, tiene el peritrema más delgado y la abertura más separada del anfracto contiguo.

Habita.—Debajo de las piedras en el *Colisco* (Gundl.) y en *Sabana de Robles!*.

Ct. nobilitatum Gundl.

Cyclostoma nobilitatum Gundl., Poey Mem. II. p 87, tab. 8. f. 23-25.

Ctenopoma nobilitatum Pfr. Mon. Pneum. Suppl. II p. 117.

Habita.—En las piedras de la *Enramada* en la jurisdiccion de Santiago de Cuba (Gundl.) y en las de *Piloto Arriba* en Mayarí (Wright.)

Ct. enode Gundl.

Cyclostoma enode Gundl. mss.

Ctenopoma enode Pfr. in Mal. Bl. VII. 1860, p. 27; Mon Pneum. Suppl. II. p. 118.

Habita.—Debajo de las piedras en *Baracoa!* y *Jibara!*.

Diplopoma.

D. architectonicha Gundl.

Cyclostoma architectonicum Gundl. mss.

Diplopoma architectonicha Pfr. in Mal. VI. 1859, p. 73; Novit. Conch. I. p. 192. tab. 51. f. 12–16; Mon. Pneum. Suppl. II. p. 119.

Habita.—En los paredones de *Yateras* en la jurisdiccion de Guantánamo (Gundl.) y en los del ingenio *El Coco* en Sagua de Tánamo!.

Adamsiella.

A. chordata Gundl.

Cyclostoma chordatum Gundl. mss.
Adamsiella chordata Rve. Conch. ic. sp. 9. t. 2.
Adamsiella chordata Pfr. in Mal. Bl. V. 1858, p 189; VI. 1859, p. 73; Mon. Pneum. Suppl. II. p. 120.

Habita.—En las piedras de *Corralillo* y *Enramada* en la jurisdiccion de Santiago de Cuba (Gundl.), en *Yateras* (Gundl.) y en *Picote*, lugar situado entre Mayarí y Santiago de Cuba (Wr.).

Licina.

L.? percrassa Wright.

Cyclostoma percrassum Wright mss.
Licina? percrassa Pfr. in Mal. Bl. XI. 1864, p. 157; Mon Pneum. Suppl. II. p. 253.

Parecido á **Ch. mayasculum Mor.** es mucho mayor: opérculo desconocido.

Habita.—En la cima de las montañas de *Luis Lazo*, hato de la jurisdiccion de Pinar del Rio. (Wright).

Cyclostomus.

C. Roemeri Pfr.

Cyclostomus Römeri Pfr. in Mal. Bl. XI. 1864, p. 105; Mon. Pneum. Suppl. II. p. 129.
Cyclostoma Arquesi Arango in Poey Rep. fis. nat. t. II. p. 270.

Habita.—En los paredones de *Barigua!* y del *Salto del Indio!* en Baracoa.

C. Heynemanni Pfr.

Cyclostomus Heynemanni Pfr. in Mal. Bl. XI 1864, p. 105; Mon. Pneum. Suppl. II. p. 129.

Habita.—En los paredones cerca de la *Punta de Maisí!* y en los de la *Cuesta del Palo!* en Baracoa.

C. rectus Gundl.

Cyclostoma rectum Gundl. mss.

Cyclostomus rectus Pfr. in Mal. Bl. X. 1863, p. 194; Mon. Pneum. Suppl II. p. 132.

Habita.—Entre las *Tunas* y *Puerto Príncipe* (Wright).

C. Rangelinus Poey.

Cyclostoma Rangelinum Poey, Mem. I. p. 98, 106, tab. 8. f. 13-19; II. tab. 13, f. 15.

Cyclostomus Rangelinus Pfr. Mon. Pneum. Suppl. II. p, 134.

Habita.—Entre las piedras y hojarasca de la *Sierra de Rangel!*.

Tudora.

T. Wrighti Pfr.

Tudora Wrighti Pfr. in Mal. IX. 1862, p. 4, t. 1, f. 4, 5; Mon. Pneum. Suppl. II. p. 136.

Habita.—Entre *Damajagua* y *Guantánamo* (Wright).

T. lurida Gundl.

Cyclostoma luridum Gundl. mss.

Tudora lurida Pfr. in Mal. Bl. V. 1858, p. 45; Mon. Pneum. Suppl. II. p. 137,

Habita.—En los paredones de *Guisa* en Bayamo (Gundl.)

T. Abtiana Pfr.

Tudora Abtiana Pfr. in Mal. Bl. IX. 1862, p. 4; Mon. Pneum. Suppl. II. p. 138.

Próximo á **Ch. abnatum Gundl** y **Ch. erectum Gundl.** de los cuales difiere además del opérculo por el peritrema no escotado.

Habita.—En el *Saltadero* y *Yaleritas* (Wright,) localidades en las cercanías de Guantánamo.

T. excurrens Gundl.

Cyclostoma excurrens Gundl. mss.

Tudora excurrens Pfr. in Mal. Bl. VII. 1860, p. 29; Mon. Pneum. Suppl. II p. 139.

Habita.—Debajo de las piedras en *Nuevitas!*.

T. pupoides Mor.

Cyclostoma pupoides Mor. Test. noviss. I. p. 23.
,, ,, Poey, Mem. II. t. 3. f. 17.
,, *ovatum* Pfr. in Proc. Zool. Soc. London, 1851 p. 129.
Tudora pupoides Pfr. Mon. Pneum. Suppl. I. p. 129.

Habita.—En los paredones y piedras de las *Sierras de Isla de Pinos* [Gundl.].

T. Moreletiana Petit.

Cyclostoma disjunctum Mor. Test. noviss. I. p. 23. [1849.]
,, *Moreletiana* Petit. in Journ. Conch. I. p. 46. [1850.]
,, *Moreleti* Pfr. in Zeitschr. f. mal. p. 88. [1850.]
,, *Moreletianum* Chemn. ed. nov. p. 278, t. 37, f. 27-28.
Tudora Moreletiana Pfr. Mon. Pneum. Suppl. I. p. 129.

Habita.—En los paredones de la *Sierra de Casas* en Isla de Pinos. [Gundl.].

T?. Aguileriana Arango

Cyclostoma Aguilerianum Arango in Ann. de la Real Acad. de C. méd. fis. y nat. de la Habana, t. XII. p. 280 (1876).

Especie parecida á **T. Moreletiana Petit.** Opérculo desconocido.

Habita.—Hallado en la *Isla* por Mr. Wright.

Cistula.

C. Jimenoi Arango

Cyclostoma Jimenoi Arango mss.
Cistula Jimenoi Pfr. in Mal. Bl. XI. 1864, p. 160; Mon. Pneum. Suppl. II. p. 252.

Habita.—En los paredones del ingenio *San Luis!* y en *Sitio Perdido*, localidades de la jurisdiccion de Jaruco.

C. limbifera Mke.

Cyclostoma catenatum Gundl. in Proc. Bost. Soc. I. 1843, p. 138 [ex-parte.]
,, *interruptum* Gould. in Bost. Journ. IV. p. 491. [1844].
,, *limbiferum* Mke. Pfr. in Zeitschr. f. Mal. 1846, p. 45.
Choanopoma semiproductum Gray, Cat. Cycloph. p. 54. [1850.]

Chondropoma ternatum Rve. t. 9. f. 65.
Cistula catenata Pfr. Mon. Pneum. Suppl. II. p. 140.

Habita.—Debajo de las piedras en *Matanzas!*, *Limonar!*, *Sabana de Robles!*, *Cárdenas!* etc: los ejemplares de Matanzas son los más hermosos.

C. Agassizii Charp.

Cyclostoma Agassizii Charp. mss.
,, *catenatum* Gould. in Proc. Bost. Soc. I. 1843, p. 138. [ex-parte.]
Cistula Agassizii Pfr. Mon. Pneum. Suppl. II. p. 140.

Habita.—Entre las piedras y hojarasca del ingenio *Union* en la jurisdiccion de Matanzas! y en las lomas de *Candela* (Poey.)

C. Mackinlayi Gundl.

Cyclostoma Mackinlayi Gundl. mss.
Cistula Mackinlayi Pfr. in Mal. Bl VI. 1859, p. 73; Mon. Pneum. Suppl. II. p. 140.

Habita.—En los paredones de *Yateras* en Guantánamo [G.]

C. arctistria Pfr.

Cistula arctistria Pfr. in Mal. Bl. X. 1863, p. 195; Mon. Pneum. Suppl. II. p. 141.

Habita.—Debajo de las piedras de la hacienda *Jojó* en la jurisdiccion de Baracoa [Wright].

C. interstitiale Gundl.

Cyclostoma interstitiale Gundl. mss.
Cistula interstitiale Pfr. in Mal. Bl. VI. 1859, p 74; Mon. Pneum. Suppl. II. p. 141.

Habita.—En los paredones de *Yateras* y *Monte Líbano* en Guantánamo [Gundl.], de *Cayo del Rey* en Mayarí [Wright] y del ingenio *El Coco* en Sagua de Tánamo!.

C. cumulata Pfr.

Cistula cumulata Pfr. in Mal. Bl. X. 1863, p. 194; Mon Pneum. Suppl. II. p. 141.

Habita.—En los paredones cerca de la boca del rio *Yumurí de* Baracoa!.

C. pallida Pfr.

Cyclostoma pallidum Pfr. in Proc. Zool. Soc. London, 1851, p. 247.

Cyclostoma pallidum Chemn. ed. II. t. 41, f. 3–6.
Cistula pallida Pfr. Mon. Pneum. Suppl II. p. 142.

Habita.—El Dr. Pfeiffer en su Monogr. dice: «*Almendares prope Havana* (Morelet,)» y en el Suppl. II. dice: «*Cuba?*:» queda pues dudosa la pátria.

C. radula Pfr.

Cyclostoma radula Pfr. in Proc. Zool. Soc. London, 1851. p. 216.
Chondropoma radula Rve. t. 11. f. 89.
Cistula radula Pfr. Mon. Pneum. Suppl. II. p. 142.

Habita.—Esta especie está en el mismo caso que la anterior.

C. illustris Poey

Cyclostoma truncatum Pfr. in Zeitschr. f. mal. 1847, p. 105. Nec, Wiegm.
Cyclostoma illustre Poey, Mem. II. p. 33, 89.
Cistula illustris Pfr. in Mal. Bl. IV. 1857, p. 116; Mon. Pneum. Suppl. II. p. 132.

Fácil de confundir con el **Ch. Delatreanum Orb.**, siendo la frase característica que lo diferencia la de «*operculo cum lamella spirali instructo.*»

Habita.—En los árboles y piedras de *Trinidad* (Gundl.), de *Matanzas!* y de entre el *Cerro* y *Puentes Grandes!*.

C. agrestis Gundl.

Cyclostoma agrestre Gundl. mss.
Cistula agrestis Pfr. in Mal. Bl. VII. 1860, p. 216, t. 3, f. 14–16: IX. 1862, p. 5; Mon, Pneum, Suppl. II. p. 142.

Son notables las láminas levantadas de su opérculo.

Habita.—En el *Pico de Turquino*, montaña que se eleva á 2.900 varas sobre el nivel del mar y en *Rio Seco*, localidades del departamento Oriental.

C. inculta Poey

Cyclostoma incultum Poey, Mem. I. p. 98, 106. t. 8. f. 4–5.
Cistula inculta Pfr. Mon. Pneum. Suppl. II. p. 143.

Habita.—En las plantas y piedras de la *Vigia* de Trinidad (G).

C. ? procax Poey

Cyclostoma procax Poey, Mem. I. p. 104, 106. t. 7. f. 12–14.

Cistula? procax Pfr. Mon. Pneum. Suppl. II. p. 135.
Habita.—*Cuba* (Poey.)

Chondropoma.

Ch. Vignalense Wright.

Cyclostoma Vignalensis Wright mss.
Chondropoma Vignalense Pfr. in Mal. Bl. X. 1863. p. 189; Mon. Pneum. Suppl. II. p. 145.

Habita.—En los paredones de *Viñales* en la jurisdiccion de Pinar del Rio. (Wright.)

Ch. dissolutum Pfr.

Chondropoma dissolutum Pfr. in Mal. Bl. 1854. p. 158; Novit. Conch. p. 95. t. 26. f. 12–16; Mon. Pneum. Suppl II. p. 147.

Muy parecido á **Ch. pictum Pfr.**; entre otras diferencias tiene la sutura un poco crenulada: en el animal tambien existen diferencias.

Habita.—En las sierras de la *Isla de Pinos* (Gundl.)

Ch. revinctum Poey

Cyclostoma revinctum Poey Mem. I. p. 99, 106. t. 5. f. 24–27.
Chondropoma revinctum Pfr. in Mal. Bl. 1851. p. 96; 1856. p. 130; Mon. Pneum. Suppl. I. p. 137.

Habita.—En las plantas y piedras de la *Punta de San Juan de los Perros* y en Manzanillo (Gundl.) y en las de Sagua de Tánamo!.

Ch. oxytremum Gundl.

Cyclostoma oxytremum Gundl. mss.
Chondropoma oxytremum Pfr. in Mal. Bl. VII. 1860. p. 29; Mon. Pneum. Suppl. II. p.147.

Algo parecido á **Ch. Candeanum Orb.**, es de forma más cilíndrica, tiene el perítrema poco dilatado, la crenulacion es poco visible.

Habita.—En las piedras de *Jibara!*.

Ch. solidulum Gundl.

Cyclostoma solidulum Gundl. mss.

Chondropoma solidulum Pfr. in Mal. Bl. VII. 1860. p. 30; Mon. Pneum. Suppl. II. p. 137.

Esta especie se aproxima mucho al **Ch. lactum Gntz.**; pero es más chico, más sólido, las costillas y estrías más esparcidas, el ombligo más cerrado.

Habita.—En las plantas y piedras de la poblacion de *Baracoa!* y de *Cayojuin!* cerca de esta poblacion y en las de *Sagua de Tánamo!*.

Ch. unilabiatum Gundl.

Cyclostoma unilabiatum Gundl. mss.
Chondropoma unilabiatum Pfr. in Mal. Bl. VII. 1860. p. 31; Mon. Pneum. Suppl. II. p. 148.

Especie notable por las estrías espirales que entran en el ombligo.

Habita.—En los paredones de *Baracoa!* y en los de *Mata*, puerto 4 leguas más al E. de esta ciudad. (Gundl.).

Ch. Dunkeri Arango

Cyclostoma Dunkeri Arango in Poey. Mem. II. p. 270.
Chondropoma Dunkeri Pfr. in Mal. Bl. XIII. 1866 p. 63.

Habita,—En *Cayojuin!* localidad de la costa de Baracoa.

Ch. rufopictum Gundl.

Cyclostoma rufopictum Gundl. mss.
Chondropoma rufopictum Pfr. in Mal. Bl. VII. 1860. p. 30.
,, ,, Rve. Conch. ic. sp. 39 t. 5.
Chondropoma rufopictum Pfr. Mon. Pneum. Suppl. II. p. 148.

Habita.—En los arbustos de *Baracoa!*.

Ch. pictum Pfr.

Cyclostoma pictum Pfr. in Wiegm. Arch. I. 1839, p. 356.
,, *Sagra* Orb. in Sagra p. 147, lám. 22, f. 21–23 (1841).
,, *Mahogani* Gould. in Bost. Journ. IV. 1842, p. 497.
,, *Gouldianum* Poey Mem. I. p. 419. (1854); II. p. 43, 44,
,, *semilabre* Poey, nec. typus, Mem. II. p. 45.
,, *maculatum* Velz.
,, *punctatum* Mke.
,, *punctulatum* Fer.

Chondropoma pictum Pfr. Mon. Pneum. Suppl. II. p. 151.

Habita.—En las piedras del ingenio *Dos Cecilias* sito en el Coliseo (Gundl.) *Pan* y *Palenque de Matanzas!*, del *Aguacate!*, *Ceiba Mocha!*, *Cañasí!*, *Matanzas!* y otras localidades.

Ch. Yucayum Presas

Cyclostoma Yucayum Presas mss.

Chondropoma Yucayum Pfr. in Mal. Bl. X. 1863. p. 190; Mon. Pneum. Suppl. II. p. 151.

Aunque es muy parecido al **Ch. pictum Pfr.** difiere ademas de algunos caractéres de la testa, por el animal cuyos dientes son distintos.

Ch. laetum Gutz.

Cyclostoma laetum Gutz. mss. Pocy Mem. II. p. 33, t. 4, f. 1.

Chondropoma laetum Pfr. Mon. Pneum. Suppl. I. p. 139.

Parecido á **Ch. pictum Pfr.**, costillas cruzadas, sutura con crenulaciones blancas.

Habita.—En las piedras de *Jibara!*.

Ch. Poeyanum Orb.

Cyclostoma Poeyana Orb. in Sagra. p. 147. lám. 22. f. 24–27.

Chondropoma Poeyanum Pfr. Mon. Pneum. Suppl. II. p. 151.

Habita.—Debajo de las piedras de la *Habana!* y sus cercanías, de *Cabañas!* y otras localidades.

Ch. moestum Shuttl.

Cyclostoma moestum Shuttl. mss.

„ „ Rve. Conch. ic. t. 2. f. 14.

„ „ Pfr. in Mal. Bl. I. 1854, p. 97; 1856, p. 132.

„ *decurrens* Pocy, Mem. II. p. 23.

„ *Charpentieri* Shuttl.

„ *Hellenicum* Gray.

Chondropoma moestum Pfr. Mon. Pneum. Suppl. II. p. 151.

„ *decurrens* Pfr. Mon. Pneum. Suppl. I. p. 140.

Habita.—Hállase en las piedras desde *Punta Gorda* hasta *Punta de Sabanilla* en Matanzas!.

Ch. obesum Mke.

Truncatella obesa Mke. Syn. ed. II. p. 137.

Chondropoma obesum Rve. Conch. ic. t. 3. f. 23.

Chondropoma obesum Pfr. Mon. Pneum. Suppl. II. p. 151.

Véase la nota de **Ch. Candeanum Orb.**

Habita.—Debajo de las piedras en *Punta de Maya* (Gundl.) y de *Punta de Sabanilla!*, ambas en el puerto de Matanzas.

Ch. dentatum Say

Cyclostoma dentatum Say, in Phil. Journ. V. 1825, p. 125.
,, *lineolatum* Anton, Verz. d. Conch. p. 54. (1839).
,, *crenulatum* Pfr. in Wiegm. Arch. I. 1839, p. 356. (ex-parte.)
,, *Auberiana* Orb. in Sagra, p. 145. lám. 22. f. 12–14.
,, *lunulatum* Mörch. Cat. Conch. 1850, p. 8.
Chondropoma dentatum Pfr. Mon. Pneum. Suppl. II. p. 151.

Habita.—En los árboles, de donde con frecuencia se cuelga de un hilo que segrega, y debajo de las piedras en *Almendares!*, *Lomas de Camoa! Sabana de Robles!*, *Bejucal!*, *Canasí*, *Guanajay! Cabañas!* y en casi toda la zona comprendida entre Cienfuegos y el cabo de San Antonio.

Tambien se halla en la *Florida* (Binney).

Ch. dilatatum Gundl.

Cyclostoma dilatatum Gundl. mss.
Chondropoma dilatatum Pfr. in Mal. Bl. 1859, p. 75; 1862, p. 6; Mon. Pneum. Suppl. II. p. 153.

Habita.—En los árboles de *Yateras* y otras localidades de Guantánamo (Gundl.) y del ingenio *El Coco* y el *Guajenal* en Sagua de Tánamo!.

Ch. latum Gundl.

Cyclostoma latum Gundl. mss.
Chondropoma latum Pfr. in Mal. Bl. V. 1858, p. 190.
,, ,, Rve. Conch. ic. sp. 56. t. 8.
,, ,, Pfr. Mon. Pneum. Sppl. II. p. 153.

Habita.—En los paredones y piedras de la costa de *Santiago de Cuba* (Gundl.)

Ch.? harpa Pfr.

Cyclostoma harpa Pfr. in Proc. Zool. Soc. London, 1851. p. 247.
Chondropoma harpa Rve. t. 7. f. 5.
,,? ,, Pfr. Mon. Pneum. Suppl. II. p. 154.

Habita.—Esta especie está en el mismo caso que la *Cistula pallida Pfr.*, por consiguiente queda dudosa la patria.

Ch. violaceum Pfr.

Cyclostoma violaceum Pfr. in Proc. Zool. Soc. London, 1851, p. 245.
Chondropoma violaceum Rve. t. 2. f. 13.
,, *bilabiatum* Rve. t. 9. f. 31.
Tudora violacea Pfr. Mon. Pneum. p. 252.
Chondropoma violaceum Pfr. Mon. Pneum. Suppl. II. p. 154.

Habita.—En los lugares pedregosos de *Trinidad* (Gundl.) y de *Quemado Feo* en la misma jurisdiccion.

Ch. textum Gundl.

Cyclostoma textum Gundl. mss.
Chondropoma textum Rve. Conch. ic. sp. 51. t. 7.
,, ,, Pfr. Mon. Pneum. Suppl. II. p. 154.

Habita.—En las piedras y arbustos de las cercanías de *Santiago de Cuba.* (Gündl.)

C.? crenimargo Pfr.

Cyclostoma crenimargo Pfr. in Mal. Bl. V. 1858, p. 192.
Chondropoma? crenimargo Pfr. Mon. Pneum. Suppl. II. p. 154.

Próximo al **Ch. violaceum Pfr.** del cual se distingue por tener la forma más cilíndrica, las costillas más fuertes, el ombligo ménos abierto, el perístoma externo denticulado; ademas la testa es más sólida.

Habita.—Hallado muerto en la boca del rio *Guarabo* de Trinidad. (Gundl.).

Ch. canescens Pfr.

Cyclostoma canescens Pfr. in Proc. Zool. Soc. London, 1851, p. 245.
,, *confertum* Poey, Mem. I. p. 99, 106. t. 8. f. 1–3.
Chondropoma canescens Pfr. Mon. Pneum. Suppl. II. p. 155.

Habita.—Debajo de las piedras cerca de la costa en *Nuevitas!* *Jibara!* y *Sagua de Tánamo!*.

Ch. neglectum Gundl.

Cyclostoma neglectum Gundl. Pfr. in Mal. Bl. V. 1858. p. 46.
Chondropoma neglectum Pfr. Mon. Pneum. Suppl. II. 155.

La duplicidad del perístoma lo diferencia bien del **Ch. revinctum Poey**.

Habita.—En *Cabo Cruz* (Gundl) y *Guisa* en Bayamo. (G.)

Ch. Ernesti Pfr.

Chondropoma Ernesti Pfr. in Mal. Bl. IX. 1862, p. 5; Mon. Pneum Suppl. II. p. 155.

Habita.—Hállase en *Seboruco* cerca de Mayarí. (Wright.).

Ch. erectum Gundl.

Cyclostoma erectum Gundl. mss. Pfr. in Mal. Bl. V. 1858. p. 189.
Chondropoma erectum Pfr. Mon. Pneum Suppl. II. p. 156.

Especie algo parecida á **Ch. Delatreanum Orb.**; pero las costillas transversas son más elevadas y el diámetro de la testa mucho mayor.

Habita.—En *Santiago de Cuba* y en el *Ramon* localidad en la misma jurisdiccion de S. de Cuba. (Gundl.)

Ch. Candeanum Orb.

Cyclostoma Candeanum Orb. in Sagra p. 146. lám. 22. f. 15–17.
,, *truncatum* Pfr. in Zeitschr. f. mal. 1847, p. 105.
Chondropoma Candeanum Pfr. Mon. Pneum. Suppl. II. p. 156.

Parecido á **Ch. obesum Mke.**; pero éste tiene el ombligo medio cerrado, la testa más decusada y la sutura subcrenulada.

Habita.—Debajo de las piedras en *Trinidad* y *Guantánamo* (G.) *Guane!* y en *Cayo Carenas*, cerca de Cienfuegos. (Cisneros.)

Ch. tenuiliratum Pfr.

Chondropoma tenuiliratum Pfr. in Mal. Bl 1856, p. 48, 133; Mon. Pneum. Suppl. I. p. 146.

Dice el Dr. Pfeiffer en el lugar citado: «*Affine* **Ch. Poeyano Orb.** [*vero!*], *peristomate undique distincte duplicato facile distinguendum.*»

Habita.—En la isla de *Cuba*. (Pfr.)

Ch. Delatreanum Orb.

Cyclostoma Delatreana Orb. in Sagra p. 146.
,, *Dutertreana* Orb. in Sagra lám. 22. f. 18–20.
Chondropoma Delatreanum Pfr. Mon. Pneum. Suppl. II. p. 157.

Habita.—En *Cienfuegos* y *Trinidad* [Gundl.] y entre el *Cerro* y *Puentes Grandes!* cerca de la Habana.

Ch. scobina Gundl.

Cyclostoma scobina Gundl. mss.
Chondropoma scobina Pfr. in Mal. Bl. X. 1863, p. 189; Mon. Pneum. Suppl. II. p. 157.

Habita.—En los paredones de la *Sierra de Güira* (Gundl.) y en los mogotes de *Galalon!*.

Ch. cirratum Wright.

Cyclostoma cirratum Wright mss.
„ „ Pfr. in Mal. Bl. XIV. 1867, p. 210.

Habita.—Hallado en la *Sierra de Guane.* (Wright.)

Ch. abnatum Gundl.

Cyclostoma abnatum Gundl. mss.
Chondropoma abnatum Pfr. in Mal. Bl. V. 1858, p. 191.
„ „ Rve. Conch. ic. sp. 43. t. 6.
„ „ Pfr. Mon. Pneum. Suppl. II. p. 157.

Próximo al **Ch. erectum Gundl.**, difiere en que el peritrema externo es más angosto junto al anfracto contiguo y las costillas longitudinales son más elevadas. La testa de **Tudora lurida Gundl.** es igual á la de la presente especie.

Habita.—En las piedras de las inmediaciones de *Santiago de Cuba* (Gundl.)

Ch. Pfeifferianum Poey.

Cyclostoma Pfeifferianum Poey, Mem. I. p. 419; II. p. 44.
Chondropoma Pfeifferianum Rve. t. 5. f. 35.
„ „ Pfr. Mon. Pneum. Suppl. II. p. 158.

Se diferencia del **Ch. pictum Pfr.** en que tiene el peristoma doble, la sutura con crenulaciones pequeñas: el animal tiene los tentáculos blancos, el otro amarillo anaranjado. No se hallan mezclados en la misma localidad.

Habita.—En las piedras de *Punta de la Jaula* en Guane [W.] *Camoa!*, *Cuevas de Cotilla!*, y otras localidades del departamento Occidental.

Ch. perlatum Gundl.

Cyclostoma perlatum Gundl. in Mal. Bl. IV. 1857, p. 41.
Chondropoma perlatum Pfr. Novit. Conch. I. p. 191, t. 51. f. 10-11; Mon. Pneum. Supp. II. p. 158.

Se diferencia de los **Ch. pictum Pfr.** y **Pfeifferianum Poey** por sus costillas longitudinales mucho más fuertes, el perístoma más dilatado y sus granulaciones redondeadas de la sutura de color blanco, á las que alude el nombre específico.

Habita.—En las piedras del ingenio *Union* en el Colisco. (G.)

Ch. revocatum Gundl.

Cyclostoma revocatum Gundl. in Mal. Bl. IV. 1857. p. 178.
Chondropoma revocatum Pfr. Mon. Pneum. Suppl. II. p. 158.

Habita.—Debajo de las piedras del *Estero* en las cercanías del Cabo Cruz (Gundl.)

Ch. latilabre Orb.

Cyclostoma latilabris Orb. in Sagra p. 142. lám. 21. f. 12.
Choanopoma latilabre Gray, Cat. Cycloph. p. 50.
Chondropoma latilabre Pfr. Mon. Pneum. Suppl. II. p. 158
Cistula platychila? Pfr.

Habita.—En los paredones del *Pan de Guajaibon!* y en los de la *Sierra de Güira!*.

Ch. Sagebieni Poey

Cyclostoma Sagebieni Poey, Mem. II. p. 33.
Chondropoma Sagebieni Pfr. Novit. Conch. I. p. 190. t. 51. f. 8–9; Mon, Pneum. Suppl. II. p. 159.

Esta especie se aproxima mucho á la anterior: véanse las diferencias que le asigna el Sr. Poey: «*Testa differt umbilico minore, colore rubescente, peritr. interno rubro, non exj ansiusculo, externo parum dilatato.—Long.* 16, *diam. maj.* 14, *min.* 11 *mill. Animal maxime differt colore tentaculorum, quæ sunt coccinea, apice fusco.*»

Habita.—En los paredones de *Guane!* y del *Sumidero!* en la jurisdiccion de Pinar del Rio.

Ch. discolorans Wright.

Cyclostoma discolorans Wright mss.
Chondropoma discolorans Pfr. in Mal. Bl. X. 1863, p. 169; Novit. Conch. I. p. 214. t. 62. f. 16–19; Mon. Pneum. Supp. II. nº 75.

Habita.—En los paredones de *Viñales*, hacienda situada á cinco leguas al N. de Pinar del Rio. (Wright.)

Ch. egregium Gundl.

Cyclostoma egregium Gundl. in Poey Mem. II. p. 13. t. 1. f. 13.
Chondropoma egregium Pfr. Novit. Conch. I. p. 94. t. 26. f. 1–3;
Mon. Pneum. Suppl. II. p. 160.

Habita.—En los paredones de *Hato Caimito* (Gundl.), de *Viñales* (Wright), y de *Pan de Azúcar!*.

Ch. Gutierrezi Gundl.

Cyclostoma Gutierrezi Gundl., Poey Mem. II. p. 4.
Chondropoma Gutierrezi Pfr. Novit. Conch. p. 188. t. 51. f. 4–5.
,, *magnificum*, var., Rve. Conch. ic. t. 1. f. 1 a: doc. Pfr.
,, *Gutierrezi* Pfr. Mon. Pneum. Suppl. II. p. 160.

Habita.—En los paredones de *Guisa* en Bayamo (Gundl.)

Ch. Presasianum Gundl.

Cyclostoma Presasianum Gundl. mss.
Chondropoma Presasianum Pfr. in Mal. Bl. X. 1863, p. 188; Novit. Conch. I. p. 243. t. 62. f. 14–15; Mon. Pneum. Suppl. II. p. 160.

Habita.—En los paredones del *Palenque* de Matanzas (Gundl.) y en los seborucos de *Canasí!*.

Ch. irradians Gundl.

Cyclostoma irradians Shuttl. mss.
Chondropoma irradians Pfr. Mon. Pneum. p. 294.
,, ,, Rve. t. 2. f. 8.
,, ,, Pfr. Mon. Pneum. Suppl. II. p. 161.

Habita.—En los paredones de *Pan* y *Palenque* de Matanzas (Gundl.) y en *Contreras* [Jimeno.]

Ch. canaliculatum Gundl.

Cyclostoma canaliculatum Gundl mss.
Chondropoma canaliculatum Pfr. in Mal. Bl. X. 1863, p. 183 (cum descrip. anim.); Novit. Conch. I. p. 239, tab. 62. f. 1-5; Mon. Pneum. Suppl. II. p. 161.

Habita.—En los paredones del monte *Guajaibon* y de *Hato Caimito*. (Gundl.)

Ch. echinulatum Wright.

Cyclostoma echinulatum Wright mss.
Chondropoma echinulatum Pfr. in Mal. Bl. X. 1863, p. 184; Novit. Conch. I. p. 240. t. 62. f. 6–7; Mon. Pneum. Suppl. II. p. 161.

Habita.—Entre la hojarasca en *Viñales* (Wright).

Ch. sinuosum Wright.

Cyclostoma sinuosum Wright mss.
Chondropoma sinuosum Pfr. in Mal Bl. X. 1863, p. 185; Novit. Conch. I. p. 242. 62, f. 10–13; Mon. Pneum. Suppl. II. p. 162.

Habita.—En los paredones de *Viñales* (Wright).

Ch. marginalbum Gundl.

Cyclostoma marginalbum Gundl. mss.
Chondropoma marginalbum Pfr. in Mal. Bl. VI. 1859, p. 75; Novit. Conch. I. p. 189. t. 51. f. 6–7; Mon. Pneum. Suppl. II. p. 162.

Bonita especie de color rojizo, cuyo perítrema por fuera blanquea, causa del nombre que lleva. Se diferencia del **Ch. textum Gundl.**, ademas del color, por ser más cilíndrico, la crenulacion más apretada, el ombligo estrecho, el peritrema externo izquierdo dilatado.

Habita.—Debajo de las piedras en los cayos de la playa de la *Caimanera* en Guantánamo. (Gundl.).

Ch. claudicans Poey.

Cyclostoma claudicans Poey, Mem. I. p. 100, 444, 454, t. 7. f. 8-11; II. p. 43. f. 8.
Chondropoma claudicans Pfr. Mon. Pneum. Suppl. II. p. 163.

Habita.—En los paredones de la hacienda *Rangel!* en la jurisdiccion de San Cristóbal.

Ch. tenebrosum Mor.

Cyclostoma tenebrosum Mor. Test. noviss. p. 23.
Chondropoma tenebrosum Rve. t. 2. f. 7.
,, ,, Pfr. Mon. Pneum. Suppl. II. p. 163.

Habita.—En los paredones de *Rancho Lúcas*, *Hato del Pi-*

nar, Hato Caimito y las Pozas (Gundl.), haciendás en la cordillera de los Organos.

Ch. assimile Gundl.

Cyclostoma assimile Gundl. mss.

Chondropoma assimile Pfr. Mon Pneum. Suppl. II. p. 163.

Habita—En la falda S. del *Pan de Guajaibon*, en los paredones y en los de la *Sierra de Güira* (Gundl.)

Ch?. semicanum Mor.

Cyclostoma semicanum Mor. Test. noviss. p. 20.

Chondropoma ? semicanum Pfr. Mon. Pneum. Suppl. I. p. 148.

Es de comparar con el **Ch. violaceum Pfr.**

Habita.—Cerca de la caleta de *Carapachivei* en la Isla de Pinos.

Ch. Gundlachi Arango.

Cyclostoma (Chondropoma) Gundlachi Arango in Journ. Conch. X. 1862, p. 408; XI. p. 81. t. 2. f. 4.

Chondropoma solare Pfr. in Proc. Zool. Soc. London 1862, p. 297; Novit. Conch. p. 218. t. 57. f. 15, 16.

,, *Gundlachi* Pfr. Mon. Pneum. Suppl. II p. 163.

Habita.—En los paredones de la *Sierra de Guane!* y en los de *Viñales*. (Wright).

Ch. Shuttleworthi Pfr.

Cyclostoma Shuttleworthi Pfr. in Proc. Zool. Soc. London, 1851, p. 246.

,, *verecundum* Poey Mem. I. p. 102, 106, 444. lám. 7. f. 5–7.

Chondropoma Shuttleworthi Pfr. Novit. Conch. I. p. 94, t. 26. f. 6-11; Mon. Pneum. Suppl. II. p. 164.

Habita.—En las piedras y paredones de los *Baños de San Diego!*, de la *Sierra de Jíquima* (Gundl.), *Catalina de Guane!*, *Lagunillas* de *Consolacion* (Wright), *Pan de Azúcar!*, *Viñales* (Wright), *Candelaria!*. De modo que parece habitar toda la cordillera de los Organos. Varía mucho de color y tamaño.

Ch. incrassatum Wright.

Cyclostoma incrassatum Wright mss.

Chondropoma incrassatum Pfr. in Mal. Bl. X. 1863, p. 182; Mon. Pneum. Suppl. II. p. 164.

Especie intermedia entre los **Ch. Gundlachi Ar.** y **Shuttleworti Pfr.**

Habita.—En las piedras y paredones de *Viñales* (Wright) y *Sumidero!* haciendas de la jurisdiccion de Pinar del Rio.

Ch. foveatum Gundl.

Cyclostoma foveatum Gundl. mss.

Chondropoma foveatum Pfr. in Mal. Bl. X. 1863, p. 185; Novit. Conch. I. p. 211. t. 62. f. 8-9; Mon. Pneum. Suppl. II. p. 165.

Habita.—En lós paredones del cauce del rio *Santa Cruz de los Pinos!*

Ch. Ottonis Pfr.

Cyclostoma Ottonis Pfr. in Zeitschr. f. mal. 1846, p. 45.
,, *petricosum* Mor. Test. noviss. II. p, 19. (1851.)
Chondropoma Ottonis Rve. t. 3. f. 22.
,, ,, Pfr. Mon. Pneum. Suppl. II. p. 165.

Habita.—En las piedras de *Cayajabos* (Otto), de *Almendares!*, de *Candelaria!*, del *Calabazal!*, y de *Trinidad* (Gundl.).

Ch. sericatum Mor.

Cyclostoma pudica Orb. in Sagra p. 144, lám. 22. f. 6, 7, 8." «(Opérculo erróneo).
,, *sericatum* Mor. Test. noviss.. II p. 20.
Chondropoma pudicum Pfr. Mon. Pneum. Suppl. II. p. 165.

D'Orbigny equivocadamente le asignó y figuró á esta especie el opérculo de **Ct. bilabiatum**, que es lameloso y calcáreo, miéntras que el de la presente especie es liso y córneo.

Habita.—En los paredones del *Pan de Guajaibon* (Gundl.) y de *Rangel?*.

Ch. excisum Gundl.

Cyclostoma excisum Gundl. mss.

Chondropoma excisum Pfr. in Mal. Bl. X. 1863, p. 187; Mon. Pneum. Suppl. II. p. 166.

Habita.—En los paredones de la falda N. del *Pan de Guajaibon* (Gundl.).

Ch.? Cisnerosi Arango.

Cyclostoma (*Chondropoma*) *Cisnerosi* Arango in Anal. de la Real Acad. de C. méd. fís. y nat. de la Habana, t. XII. 1876, p. 279.

Habita.—En *Cienfuegos* (Cisneros.)

Gen. Cyclotus.

C. minimus Gundl.

Cyclotus minimus Gundl. mss. Pfr. in Mal. Bl. VI. 1859, p. 68; Mon. Pneum. Suppl. II. p. 18.

Habita.—Entre la hojarasca y palos podridos cubiertos de musgos en el *Yunque de Baracoa!* y en *Monte Toro* y *Yarayabo* (Gundl.).

C. perdistinctus Gundl.

Cyclotus perdistintus Gundl. in Mal. Bl. V. 1858. p. 192,
,, ,, Pfr. Mon. Pneum. Suppl. II. p. 26.

Habita.—Del mismo modo que el anterior en la *Enramada* (Gundl.) en jurisdiccion de Santiago de Cuba, en *Monte Toro* y *Monte Líbano* en la de Guantánamo (Gundl.) y en *Piloto arriba* en Mayarí. (Wright.)

Gen. Megalomastoma.

M. bituberculatum Sowb.

Cyclostoma bitubercticulatum Sowb. Thes. Conch. Suppl. p. 192. t. 31 A. f. 290–291.

Megalomastoma complanatum Pfr. in Proc. Zool. Soc. London, 1856, p. 36; Novit. Conch. I. p. 67. t. 19. f. 3, 4; Mon. Pneum. Suppl. I. p. 80.
,, *bituberculatum* Pfr. Mon. Pneum. Suppl. I. p. 80.

Habita.—Entre la hojarasca de *Banao* en Trinidad (Gundl.)

M. procer Poey.

Megalomastoma procer Poey Mem. I. p. 401. tab. 13. f. 12–18.
,, ,, Pfr. Novit. Conch. I. p. 69. t. XIX. f. 9–10; Mon. Pneum. Suppl. I. p. 81.

Habita.—Entre la hojarasca en las *Sierras de Isla de Pinos.* (G.)

M. ventricosum Orb.

Cyclostoma ventricosa Orb. in Sagra. p. 142. lám. 21, f. 3.
Megalomastoma ventricosum Pfr. Mon. Pneum. Suppl. I. p. 81.

Habita.—Entre la hojarasca del *Pan de Guajaibon!*

M. alutaceum Mke.

Cyclostoma alutaceum Mke. mss. Pfr. in Zeitschr. f. mal. 1846. p. 85.
„ „ Chemn. ed, II. p. 113. t. 17. f. 18–19.
Megalomastoma digitale Gundl. in Mal. Bl. IV. 1857, p. 114.
„ *alutaceum* Pfr. Mon. Pneum. Suppl. I. p. 81.

Habita.—Entre la hojarasca de *Güinia* en Trinidad. (Gundl.) y tambien en las cercanías de *Villaclara!*.

M. Maui Poey.

Cyclostoma mani Poey Mem. I. p. 404. t. 7. f. 19–22; t. 13. f. 23–24.
Megalomastoma mani Pfr. Mon. Pneum. Suppl. I. p. 82.

Varía de color y de forma, pues entre los ejemplares recogidos por mí en Pan de Azúcar hay algunos ejemplares tan delgados que hacen sospechar á primera vista que sean de otra especie.

Habita.—Entre la hojarasca de *Rangel!*, de *Pan de Azúcar!* y *Sumidero!* haciendas en la jurisdiccion de Pinar del Rio.

M. Gundlachi Pfr.

Megalomastoma Gundlachi Pfr. in Mal. Bl. III. 1856, p. 48; Novit. Conch. I. p. 96. t. 26. f. 20–22; Mon. Pneum Suppl. I. p. 82.

Habita.—Entre la hojarasca del *Cuzco* (Poey) y de *Rangel* (G).

M. leoninum Pfr.

Megalomastoma leoninum Pfr. in Mal. Bl. III. 1856, p. 48; Novit. Conch. I. p. 67. t. 26. f. 23–25; Mon. Pneum. Suppl. I. p. 82.

Habita.—Entre la hojarasca de la parte más alta de la *Sierra de Rangel!* (Gundl.).

M. auriculatum Orb.

Cyclostoma auriculata Orb. in Sagra p. 143. t. 22. f. 1–2 (1841)
„ *bicolor* Gould. in Bost. Journ. IV. p. 494. (1844).

Cyclostoma solcnatum Poey Mem. I. t. 7. f. 17–18; t. 13. f. 25 (junior 1851.)

Megalomastoma auriculatum Pfr. Mon. Pneum. Suppl. I. p. 82.

Especie fácil de reconocer por el borde derecho dilatado y separado del ombligo, formando una especie de oreja, á lo cual debe su nombre.

Habita.—Entre la hojarasca en *Zarabanda* cerca de la ciénaga de Zapata y del ingenio *Fermina* en Bemba (Gundl.) y en la de *Cienfuegos* (Cisneros.)

M. apertum Poey.

Megalomastoma apertum Poey Mem. I. p. 405; II. p. 46.

,, ,, Pfr. Mon. Pneum. Suppl. I. p. 83.

Habita.—Entre la hojarasca en las lomas de *Camoa!*, de *Managua!*, del *Salto de Manantiales!*, de *Trinidad* (Gundl.), de *Guane!*, de *Peña Blanca*, en *Candelaria*, de *San Antonio de los Baños* (Lembeye), de *Ceiba Mocha*, etc.: parece que habita toda la zona comprendida de Cienfuegos al cabo de San Antonio.

M. seminudum Poey.

Megalomastoma seminudum Poey Mem. I. p. 405: II. p. 46.

,, ,, . Pfr. Mon. Pneum. Suppl. I. p. 83.

Habita.—Entre la hojarasca de *Trinidad* (Gundl.), *San Juan de los Remedios* (Ruiz), de la *Caja!* hacienda de la jurisdiccion de Pinar del Rio y del *Yunque* de Baracoa!: los de esta última localidad los refiero con duda á esta especie.

M. tortum Wood.

Turbo tortus Wood Ind. Suppl. t. 6. f. 32.

Megalomastoma tortum Pfr. in Zeitschr. f. mal. 1847, p. 109; Novit. Conch. I. p. 68. t. 19. f. 7–8.

,, *ungula* Poey Mem. II. p. 24, 89. t. 3. f. 1–4.

,, ,, Pfr. Novit. Conch. I. p. 68 t. XIX. f. 5–6; Mon. Pneum. Suppl. I. p. 84.

,, *tortum* Pfr. Mon. Pneum. Suppl. II. p. 87.

Cyclostoma idolum Fer.

Habita.—Entre la hojarasca de *Corralillo* en Santiago de Cuba, del *Saltadero* en Guantánamo y de *Buenavista* en Bayamo (Gundl.), tambien en *Mayarí*. (Wright).

FAM. TRUNCATELLIDAE.

Gen. Truncatella.

Tr. subcylindrica Gray.

Truncatella subcylindrica Gray, Man. p. 22. f. 6.
,, ,, Pfr. Mon. Pneum. Suppl. II. p. 5.

Muy parecida á **Tr. Caribaeensis Sowb,** de la cual difiere por ser de menor tamaño y el anfracto contiguo sin carina en la base. Difiere de **Tr. pulchella Pfr.** por tener menor número de vueltas de espira.

Habita.—En el litoral paludoso de la *Habana!*, *Matanzas!* y de toda la Isla.

Tambien se halla en *Bermuda*, *San Thomas*, *Puerto-Rico* y en los cayos de la *Florida*.

Tr. pulchella Pfr.

Truncatella pulchella Pfr. in Wiegn. Arch. I. 1839, p. 356.
,, *scalariformis* Ad. in Proc. Bost. Soc. 1845, p. 12.
,, *Adamsi* Pfr. in Zeitschr. f. mal. 1846, p. 119.
,, *pulchella* Poey, Mem. II. t. 5. f. 17-18.

Esta especie varía notablemente, unos individuos presentan costillas muy fuertes, miéntras que otros son casi lisos.

Habita.—El litoral de toda la *Isla*.

Tambien se encuentran en *Jamaica*, *Puerto-Rico*, *San Thomas* y en la *Florida*.

Tr. Caribaeensis Sowb.

Truncatella Caribaeensis Sowb. mss.
,, ,, Rve. Conch. syst. II. t. 182, f. 7.
,, ,, Pfr. in Zeitschr. f. mal. 1846, p. 182.
,, *succinea* C. B. Ad. in Proc. Bost. Soc. 1845, p. 12.
,, *variabilis* Pfr. olim.
,, *Gouldi* C. B. Ad. olim in sched.
,, *Guerini* Payr in sched. Nec Villa.
,, *Caribaeensis* Mon. Pneum. Suppl. II. p. 6.

Varía del mismo modo que la anterior especie.

Habita.—El litoral de toda la *Isla!*

Tambien se encuentra en *Jamaica, Puerto-Rico, San Thomas,* la *Florida* y en la isla del *Cármen.*

Tr. bilabiata Pfr.

Truncatella bilabiata Pfr. in Wiegm. Arch. I. 1840, p. 253.
,, ,, Poey. Mem. II. p. 47. t. 8. f. 15–16.
,, ,, Pfr. Mon. Pneum. Suppl. II. p. 6.

Habita.—El litoral de toda la *Isla!*

Tambien se encuentra en *Jamaica, Puerto-Rico, San Thomas,* la *Florida* y en la isla del *Cármen.*

Tr. scalaris Mich.

Rissoa scalaris Mich. Descrip. de plus esp. de genre Rissoa, p. 21. t. 1. f. 31–32.
Truncatella costata Pfr. in Wiegm. Arch. I. 1839, p. 356.
,, *Cumingii* C. B. Ad. in Proc. Bost. Soc. 1845. p. 12.
,, *scalaris* Pfr. Mon. Pneum. Suppl. II p. 7.

Habita.—El litoral de toda la *Isla!*

Tambien se encuentran en *Jamaica* y *Guadalupe.*

Tr. capillacea Gundl.

Truntatella capillacea Gundl. in Mal. Bl. 1859, p. 77.
,, ,, Pfr. Mon. Pneum. Suppl. II. p. 8.

Habita.—En la *Caimanera* de Guantánamo. (Gundl.).

Blandiella.

Las especies que se encuentran en Cuba no difieren del género **Geomelania** de Jamaica nada más que en la falda del apéndice que tienen en la parte anterior del perítrema, circunstancia que no me parece suficiente, máxime si tenemos presente que en algunas especies va desapareciendo, como se nota en la **Geomelania minor Ad.**. El género **Blandiella.** se halla descrita en *Amer. Journ. Conch.* 1870–71, p. 309.

B. elongata Poey.

Truncatella elongata Poey mss. Pfr. Mon. Auric. App. p. 193.
,, ,, Pfr. Món. Pneum. Suppl. II. p. 3.

Habita.—En *Holguin* (Dr. Gutierrez) y *Guantánamo* (Gundl.).

B. lirata Poey.

Truncatella lirata Poey Mem. II. p. 25, 89. t. 2. f. 23-24.
„ „ Pfr. Mon. Pneum. Suppl. II. p. 3.

Habita.—En la hojarasca en *Yateras* y *Monte Toro* (Gundl.) jurisdiccion de Guantánamo y en *Damajagua* (Wright.) por Holguin.

B. filicosta Gundl.

Truncatella filicosta Gundl. Poey Mem. II. p. 90, 417.
„ Gundl. in Mal. Bl. VII. 1860, p. 32.
„ „ Pfr. Mon. Pneum. Suppl. II. p. 4.

Habita.—Entre la hojarasca de las lomas del pié del *Yunque* de Baracoa!

B. Wrighti Pfr.

Truncatella Wrighti Pfr. in Mal. Bl. IX. 1862, p. 127; Mon. Pneum. Suppl. II. p. 4.

Habita.—Cerca de *Yateras* en Guantánamo (Wright).

FAM. HELICINIDAE.

Gen. Helicina.

Trochatella.

Tr. regina Mor.

Helicina regina Mor. Test. noviss. p. 19.
„ *maculosa* Newc.
„ *multistriata* Velz.
Trochatella regina Pfr. Novit. Conch. I. t. 64. f. 1-2; Mon. Pneum. Suppl. II. p. 211.

Esta especie es notable porque entre los individuos adultos los unos presentan una escotadura en el borde derecho del perístoma, éstos son las hembras, los machos carecen de ella y siempre son más chicos. Quizá sea esta especie la más hermosa de toda la familia.

Habita.—En los paredones de *Rangel!*, *Guajaibon!*, *Hato Caimito!* (Gundl.), *Baños de San Diego!*, *Sierra de Güira!*, *Galalon!*, *Salto de Manantiales!*.—Las variedades que habitan en *Pan de Azúcar!*, y *Luis Lazo* (Wright) en la jurisdiccion de Pinar del Rio presentan bandas longitudinales, unas de un hermoso color morado y otras de un amarillo canario que las hacen preciosísimas.

Tr. subunguiculata Poey.

Helicina subunguiculata Poey, Mem. II. p. 34.
Trochatella subunguiculata Pfr. Novit. Conch. I. p. 187. t. 51. f. 1–3; Mon. Pneum. Suppl.. II. p. 211.

Próxima á la especie anterior, véanse los diferencias que el Sr. Poey le asigna.—«*Differt perist. magis incrassato, basali valde effuso, dextro sinu minus emarginato, sinistro nullo, spira magis mucronato, anfr. ultimo vix decendente. Costae spirales sunt prominentes.*» Presenta la escotadura como la anterior.

Habita.—En los paredones de *Guane!*, *Luis Lazo* (Wright), *Sumidero!* y *Pan de Azúcar!*.

Tr. chrysostoma Shuttl.

Helicina chrysostoma Shuttl.
Trochatella chrysostoma Chemn. ed. II. Helic. t. 10. f. 3–4.
,, ,, Pfr. Mon. Pneum. p. 330: Suppl. I. p. 173.

Habita.—Hallada en la isla de *Cuba*. (Pfr.).

Tr. Sloanei Orb.

Helicina Sloanei Orb. in Sagra p. 137. lám. 20 f. 1–6. (1841).
Trochatella Gouldiana Pfr. in. Zeitschr. f. mal. 1850, p. 191.
,, Chemn. ed. II. Helic. t. 10. f. 5–6.
,, ,, Pfr. Mon. Pneum. Suppl. I. p. 173.
,, *Sloanei* Pfr. Mon. Pneum. Suppl. I. p. 173.

Habita.—En los paredones y peñascos del *Palenque de Matanzas!* (Gundl.), *Lomas de Camoa!*, *Canasí!*, *Cuevas de Cotilla!*, *Ceiba Mocha!* y *Sabana de Robles!*.

Tr. Methfesseli Pfr.

Trochatella Methfesseli Pfr. in Mal. Bl. IX. 1862, p. 8; Mon. *Trochatella Methfesseli* Pneum. Suppl. II. p. 212.

Muy parecido á **Tr. rupestris Pfr.**, tiene la última vuelta completamente redondeada.

Habita.—En los arbustos y paredones de *Monte Toro* en Guantánamo (Gundl.) y del *Yunque* de Baracoa!.

Tr. Petitiana Orb.

Helicina Petitiana Orb. in Sagra p. 137. lám. 20. f. 1–3.
Trochatella Petitiana Pfr. Mon. Pneum. Suppl. I. p. 173.

Habita.—En los paredones de los cafetales *Puriales* en Trinidad. (Gundl.)

Tr. dilatata Poey.

Helicina dilatata Poey, Mem. II. p. 26.

Habita.—En *Trinidad* (Lavallé).

Tr. politula Poey.

Helicina politula Poey, Mem. I. p. 113, 120 lám. 5. f. 4–6.
Trochatella politula Poey. Pfr. Mon. Pneum. Suppl. I. p. 174.

Habita.—En las piedras cubiertas de musgo en *Santa Cruz de los Pinos!*.

Tr. luteo-apicata Poey.

Helicina luteo-punctata Poey, Mem. I. p. 115. 120. lám. 5. f. 10–12.
,, *luteo-apicata* Poey, Mem. I. p. 394, 446: II. p. 6.
Trochatella luteo-apicata Pfr. Mon. Pneum. Suppl. I. p. 174.

Se diferencia de la **Helic. scopulorum Mor.** por no tener más que seis vueltas de espira, la última más estriada, ser menor, tener la abertura más ancha y quilla bien pronunciada.

Habita.—En los paredones de las *Sierras de Isla de Pinos.* (G.

Tr. rubicunda Gundl.

Helicina rubicunda Gundl. mss.
Trochatella rubicunda Pfr. in Mal. Bl. IV. 1857, p. 111.
,, *capillacea* Pfr. in Mal. Bl. IV. 1857 p. 111.
,, *rubicunda* Pfr. Mon. Pneum. Suppl. I. 175.
,, *capillacea* Pfr. Mon. Pneum. Suppl. I. p. 176.

Habita.—En los paredones y piedras de *Magua* y *San Juan de Letran* en Trinidad. (Gundl.)

Tr. petrosa Gundl.

Helicina petrosa Gundl. mss.

Trochatella petrosa Pfr. in Mal. Bl. IV. 1857. p. 111; Mon. Pneum. Suppl. I. p. 174.

Habita.—En las piedras de *Magua* en Trinidad. (Gundl.)

Tr. conica Pfr.

Helicina conica Pfr. in Wiegm. Arch. I. 1839. p. 355.

,, *elegans* Orb. in Sagra. p. 139. lám. 20. f. 13–15 (1841.)

,, *conica* Pfr. Mon. Pneum. Suppl. I. p. 175.

Habita.—En los árboles del *Cuzco!*, de *Trinidad* (Gundl.) del *Limonar!*, de *Almendares!* de *Guanajai!* de *Matanzas!*.

Tr. hians Poey.

Helicina hians Poey, Mem. I. p. 113, 120. lám. 5. f. 1–3.

Trochatella hians Pfr. Mon. Pneum. Suppl. I. p. 175.

Habita.—En las montañas de *Trinidad* (Lavallé.)

Tr. callosa Poey.

Helicina callosa Poey, Mem. I. p. 430. lám. 33. f. 13–15.

Trochatella callosa Pfr. Mon. Pneum. Suppl. I. p. 176.

Habita.—En las *Sierras de la Isla de Pinos.* (Gundl.)

Tr. continua Gundl.

Helicina continua Gundl., Poey Mem. II. p. 6.

Trochatella continua Pfr. in Mal. Bl. V. 1858, p. 49; Mon. Pneum. Suppl. II. p. 212.

Habita.—En las piedras de *Guisa* en Bayamo (Gundl.)

Tr. rupestris Pfr.

Helicina rupestris Pfr. in Wiegm. Arch. I. 1839, p. 355.

,, ,, Sowb. Thes. p. 10. t. 3. f. 120.

Trochatella rupestris Pfr. Mon. Pneum. Suppl. I. p. 176.

Habita.—En las piedras y paredones de *Matanzas!*, *Managua!* *Almendares!*, *Canasí!*, *Jaruco!* *Guane!*.

Tr. Pfeifferiana Arango.

Helicina Pfeifferiana Pfr. in Mal. Bl. XIII. 1866. p. 61

,, ,, Arango in Poey Rep. II. p. 78.

Habita.—En el *Yunque* de Baracoa!.

Tr. Babei Arango.

Helicina (*Trocatella*) *Babei* Arango, in An. de la Real Acad. de C. méd. fis. y nat. de la Habana. t. XII. 1876, p. 281.

Habita.—En *Sabana de Robles!*

Tr. constellata Mor.

Helicina constellata Mor. in Revue Zool. 1847. p. 144.
„ „ Poey, Mem. I. p. 116, 447, t. 5. f. 15–17.
„ *pagoda* Velz.
Trochatella constellata Pfr. Mon. Pneum. Suppl. I. p. 177.

Habita —En los paredones de las faldas E. y O. de la *Sierra de Casas* situada al O. de Nueva Gerona en Isla de Pinos. (G.).

Tr. stellata Velz.

Helicina stellata Velz., Jay Cat. 1850.
„ „ Poey Mem. I. p. 117, 447. t. 5. f. 18–20.
„ *rota* Newc.
Trochatella stellata Pfr. Mon. Pneum. Suppl. I. p. 177.

Habita.—En los paredones de la falda O. de la *Sierra de Caballos* y en los de la de *Columbus* en Isla de Pinos (Gundl.)

Helicina.

H. rugosa Pfr.

Helicina rugosa Pfr. in Wiegm. Arch. I. 1839, p. 355.
„ „ Sowb. Thes. p. 14. t. 3. f. 132.
Helicina rugosa Pfr. Mon. Pneum. Suppl. II. p. 217.

Habita.—Debajo de las piedras en *Almendares! Trinidad* (Gundl.) y del *Yunque* de Baracoa!.

H. Emmerlingii Pfr.

Helicina Emmerlingii Pfr. in Mal. Bl. IX. 1862, p. 130; Mon. Pneum. Suppl. II. p. 218.

Habita.—En los arbustos y piedras de *Monte Toro* en Guantánamo (Gundl.) y del *Yunque* de Baracoa!.

H. littoricola Gundl.

Helicina littoricola Gundl. mss. Pfr. in Mal. Bl. VII. 1860, p. 25; Mon. Pneum. Suppl. II. p. 219.

Habita.—En los arrecifes de la poblacion de *Baracoa!* y en los de *Punta de Maisí!*

H. nitida Pfr.

Helicina nitida Pfr. in Wiegm. Arch. I. 1839, p. 355, Mon. Pneum. Suppl. I. p. 188.

Habita.—Debajo de las piedras y hojarasca en *Managua!*, *Matanzas!*, *Canasí!* y casi todo el departamento occidental.

H. glabra Gould.

Helicina glabra Gould in Proc. Bost. Soc. I. p. 138.
,, ,, Pfr. Mon. Pneum. Suppl. I. p. 188.

Especie fácil de confundir con la anterior, de la que difiere por ser más pequeña y no tener el borde derecho de la abertura prolongado.

Habita.—Debajo de las piedras y en la hojarasca en *Almendares!* y otras localidades del departamento Occidental.

H. montana Wright.

Helicina montana Wright. mss. Pfr. in Mal. Bl. XI. 1864, p. 160; Mon. Pneum. Suppl. II. p. 220.

Habita.—Hallada en el potrero *Luis Lazo* en la jurisdiccion de Pinar del Rio. (Wright.)

H. Briarea Poey.

Helicina Briarea Poey, Mem. I. p. 108, 119. 413. lám. 11. f. 9–12.
,, ,, Pfr. Mon. Pneum. Suppl. II. p. 221.

Habita.—En los paredones y piedras de las cercanías del *Rio Caballero* (Gundl.) y de *Quemado Feo* en la jurisdiccion de Trinidad.

H. Emoda Pfr.

Helicina Emoda Pfr. Novit. Conch. I. t. 64, f. 6–8; Mon. Pneum. Suppl. II. p. 221.

Habita.—*Monte Toro* en Guantánamo. (Jeanneret).

H. Jeannereti Pfr.

Helicina Jeannereti Pfr. in Mal. Bl. 1862, p. 6; Mon. Pneum. Suppl. II. p. 221.

Habita.—En *Mayarí* (Wright.)

H. Sagraina Orb.

Helicina Sagraina Orb. in Sagra p. 132. lám. 18. f. 12–13.
,, *Sagra* Sowb. Thes. p. 3. t. 1. f. 10; t. 3. f. 126.
,, *Sagraina* Pfr. Mon. Pneum. Suppl. I. p. 181.
Catalinensis Pfr. Novit. Conch. I. p. 83. t. 23 f. 1–6; Mon. Pneum. Suppl. I. p. 182.

Habita.—Entre las piedras, paredones y hojarasca de *Rangel!*, *Pan de Guajaibon!*, *Guane!*, *Sumidero!*, *Pan de Azúcar!*, *Baños de San Diego!*, *Pozas!*, *Galalon!* y en casi toda la cordillera de los Organos.

En Luis Lazo y Sumidero! en la jurisdiccion de Pinar del Rio se hallan variedades de tamaño mucho mayor .y algunos individuos presentan el perístoma de un bello color acarminado.

H. Titanica Poey.

Helicina Titanica Poey, Mem. I. p. 110, 119, 413. t. 11. f. 13-16.
,, ,, Pfr. Novit. Conch. I. p. 196. t. 52. f. 6-10: Mon, Pneum. Suppl. II. p. 222.

Sobre la perforacion que presenta esta *Helicina*, dice el Sr. Poey que la cree causada por el animal: el Sr. Pfeiffer la considera ocasionada por un crustáceo del género *Pagurus*, conocido vulgarmente en esta Isla con el nombre de **Macao**. En ninguno de los individuos vivos que he examinado, que pasan de cuatrocientos, he hallado la perforacion, y no se crea que fueran jóvenes, pues muchos eran tan adultos que tenian ya la epidérmis caduca. Adviértase que vive á muy poca distancia del litoral.

La circunstancia de prolongarse esa perforacion hasta ponerse á la vista, miéntras que en otros es sólo en el interior, como sucede en el género *Proserpina*, sin que se note al exterior, es una prueba más, de que el *Pagurus* es el que en sus movimientos de entrada y salida gasta la concha.

Dice el Sr. Poey.—«La accion demuestra haber sidó lenta: la «concha se ha gastado anteriormente, presentando en su callosi«dad un rebajo tal como pudiera haberlo practicado una lima «convexa.» En efecto, la accion es lenta, debida á las muchas entradas y salidas del animal que lo toma por casa (el *Clibanarius sclopetarius Herbst.*), durante le sirve de habitacion: y en cuanto á lo del rebajo, precisamente está hecho con un cuerpo convexo cual es al céfalo-tórax del Paguro, que es granujiento á manera de ciertas limas. De consiguiente esa perforacion no puede servir de carácter específico, pues evidentemente es producida por el crustáceo citado. Téngase presente que cuando el Sr. Poey emitió su opinion, no habia visto más que seis individuos muertos, no matados, que habian sido recogidos sobre la playa.

Habita.—En las plantas, teniendo predileccion por el *Coffea Arabica L.* y la *Musa paradisiaca L.* En *Bariguá!* se halla el tipo, la variedad mayor en la *Mesa del Sapote!* ambas localidades en la jurisdiccion de Baracoa.

H. ochracea Poey.

Helicina silacea Mor. Test. noviss. p. 20.

„ *ochracea* Poey, Mem. I. p. 112, 119, 444. t. 11. f. 1–4.

„ *silacea* Pfr. Mon. Pneum. Suppl. II. p. 222.

A imitacion del Sr. Poey doy la prioridad á su *ochracea* fundado en las mismas razones. Este Sr. examinó ocho individuos de esta especie y en ninguno encontró ni el más remoto indicio de la frase del Sr. Moleret «*subtus radiatim decussata*»: yo he examinado más de quinientos individuos y tampoco he visto nada que pueda revelarnos este carácter.

El Sr. Poey propone como tipos los individuos que tienen una faja rojiza debajo de la periferia, y los que no lo tienen formarán su var. b: propongo lo contrario del modo siguiente.

Tipo.—Color amarillo verdoso que clarea en los surcos que separan las costillas, sin faja en la periferia, ni faja oscura en la parte inferior. Considero éstos como tipos, porque sobre ellos se han basado las descripciones y porque abundan mucho más que los otros; por lo ménos se encuentran cinco de éstos por cada uno de los de la var. que llamaré b.

Var. b.—Color de las costillas amarillo, con los surcos que las separan de color leonado oscuro, faja amarilla de ocre en la periferia y faja leonada mas oscura debajo de ellas. Estos colores son tomados de ejemplares muy frescos.

Habita.—En las plantas de lo alto del *Yunque* de Baracoa!, especialmente sobre las matas de café (*Coffea Arabiga L.*)

H. crassa Orb.

Helicina crassa Orb. in Sagra p. 131, lám. 19, f. 5, 6.
,, ,, Poey, Mem. I. p. 415.

El Sr. Pfeiffer refiere esta especie á la *Helic. pulcherrima Lea*, lo que no es exacto, pues ésta es mucho más grande, la testa mucho más gruesa, las costillas ménos fuertes y carece de vellosidades. Más bien pudiera referirse á la *Helic. submarginata Gray*; pero tambien se distingue por su tamaño mayor y otras diferencias que indica el Sr. Poey en el l. c.

Habita.—En *Manzanillo* (Gundl.) y en *Baracoa* hacia la hacienda Jojó!

H. Bastidana Poey.

Helicina Bastidana Poey, Mem. I. p. 415. t. 33. f. 11–12.
,, *Bayamensis* Poey, Mem, I. p. 416. t. 33. f. 8–11.
,, *Bastidana* Pfr. Mon. Pneum Suppl. I. p. 182.
,, *Bayamensis* Pfr. Mon. Pneum. Suppl. II. p. 222.

Habita.—En los árboles de *Buenavista* en Bayamo (Gundl.)

H. ciliata Poey.

Helicina ciliata Poey, Mem. I. p. 109, 119, 414. t. 11. f. 5–8.
,, *fossulata* Poey, Mem. II. p. 25.
,, *ciliata* Pfr. Mon. Pneum. Suppl. I. p. 183.

Habita.—Entre las piedras y hojarasca de *Guisa* en Bayamo (Gundl), de *Sagua de Tánamo*! y de *Trinidad* (Gundl.)

H. submarginata Gray.

Helicina submarginata Gray, in Zool. Journ. I. p. 68. t. 6. f. 11.
,, *rubra* Pfr. in Wiegm. Arch. I. 1839, p. 355.
,, *submarginata* Orb. in Sagra p. 135. lám. 19, f. 7, 8.
,, ,, Poey Mem. I. p. 414.
,, ,, Pfr. Mon. Pneum. Suppl. II. p. 222.

Habita.—Entre la hojarasca y debajo de las piedras en *Omoa*! y *San Nicolás*! cerca de Güines, *Canasí*!, *Guanajai*!, *Yateras* y *Saltadero* en Guantánamo (Gundl.), el *Guajenal* en Sagua de Tánamo !: como se ve, esta especie se halla en toda la Isla.

H. pulcherrima Lea.

Helicina pulcherrima Lea, Observ. I. p. 161. t. 19. f. 57.; II. p. 69.

Helicina rubrocincta Poey, Mem. I. p. 417. t. 33. f. 16–19.
,, *pulcherrima* Pfr. Mon. Pneum. Suppl. II. p. 222.

Véase la nota de *Helicina crassa Orb.*

Habita.—En las piedras y árboles del *Ramon*, *Enramada* y *Brazo de Cauto* en Santiago de Cuba (Gundl.)

H. nuda Arango.

Helicina nuda Arango mss. Pfr. in Mal. Bl. XIII. 1866. p. 63.
,, ,, Arango in Poey. Rep. II. p. 78.

Habita.—Sobre los árboles en Barigua cerca de Baracoa

H. Mayarina Poey.

Helicina Mayarina Poey, Mem. I. p. 417. t. 31. f. 6–8.
,, ,, Pfr. Novit. Conch. I. p. 200. t. 53. f. 6. 7.

Especie fácil de distinguir de las demas del grupo, por ser muy globulosa y tener la epidérmis muy rugosa.

Habita en *Mayarí* (Dr. Gutz.)

H. Orbignyi Pfr.

Helicina Orbignyi Pfr. in Proc, Zool. Soc. London, 1848, p. 123.
,, Chemn. ed. II. p. 21. t. 8. f. 30–31.
,, ,, Pfr. Mon. Pneum. Supp. II. p. 223.

Habita.—El Dr. Pfr. en su Monogr. le asigna por patria á Cuba; pero en el Suppl. II. dice «*Cuba?*». Por consiguiente queda dudósa la patria.

H. jucunda Gundl.

Helicina jucunda Gundl. mss. Pfr., Mal. Bl. X. 1863, p. 197; Pfr. Mon. Pneum Suppl. II. p. 223.

Habita.—En los paredones del *Pan de Guajaibon*! y de la *Catalina* en los Organos (Wright).

H. adspersa Pfr.

Helicina adspersa Pfr. in Wiegm. Arch. I. 1839, p. 354.
variegata Orb. in Sagra p. 134, lám. 19. f. 1–4.
marmorata Orb. in Sagra p. 135 lám. 19. f. 9–12.
Lameriana Orb. in Sagra p. 136 lám. 19. f. 13–14.
tenuilabris Pfr. in Proc. Zool. Soc. London, 1848, p. 124.

Helicina neritoidea Beck.
„ *ornata* Fér.
„ *adspersa* Pfr. Mon. Pneum. Suppl. I. p. 192.

Habita.—En los árboles de toda la cordillera de los *Organos* y de *Matanzas*!, *Jaruco*!, *Canasí*!, *Cárdenas* y *Trinidad* (Gundl.)

H. Neebiana Pfr.

Helicina Neebiana Pfr. in Mal. Bl. IX. 1862. p. 8; Mon. Pneum. Suppl. II. p. 225.

Habita.—Entre la hojarasca de *Cayo del Rey* en Mayarí (Wright). y de *Monte Toro* en Guantánamo.

H. retracta Poey.

Helicina retracta Poey, Mem. I. p. 116. 120. t. 12. f. 20–26.
„ „ Pfr. Mon. Pneum. Suppl. I. p. 194.

Habita.—En *Cayajabos*, jurisdiccion de Guanajai (N. de la Paz).

H. concinna Gundl

Helicina concinna Gundl. in Mal. Bl. IV. 1857. p. 178.
„ „ Pfr. Mon. Pneum. Suppl. I. p. 194.

Habita.—En los arbustos de *Cabo Cruz* (Gundl).

H. globulosa Orb.

Helicina globulosa Orb. in Sagra p. 254. lám. 21. f. 10, 11.
„ *vittata* Gundl, Jay Cat. 1850.
„ *globulosa* Pfr. Mon. Pneum. Suppl. I. p. 200.

Habita.—En los árboles y arbustos de *Rangel*!, *Sitio Nuevo de Guane* (Wright.), *San José de las Lajas* (Cisneros): parece que se halla esparcida desde Trinidad hasta el Cabo de San Antonio.

H. exerta Gundl.

Helicina exerta Gundl, mss. Pfr. in Mal Bl. V. 1858. p. 194.
„ „ Pfr. Mon. Pneum. Suppl. II. p. 228.

Habita.—En los árboles y arbustos de las cercanías de *Santiago de Cuba* [Gundl].

H. jugulata Poey.

Helicina jugulata Poey Mem. II. p. 34. lám. 4. f. 3. 4.
Pfr. Novit. Conch. I. p. 203. t. 53. 16–19: Mon. Pneum. Suppl. II. p. 229.

Habita—En los paredones de *Guane*! y del *Sumidero*!, haciendas en la jurisdiccion de Pinar del Rio.

H. acuminata Velz.

Helicina acuminata Velz. mss. Poey Mem. I. p. 112. 119. t. 5. f. 13, 14.
Helicina columellaris Gundl. in Poey, Mem. II. p. 14. t. 1. f, 16,
,, *Blandiana* Gundl. in Poey Mem. II. p. 14. f. 19.
,, *columellaris* Pfr. Novit. conch. p. 85. t. 23. f. 11–13; Mon. Pneum. Suppl. I. p. 196.
,, *Blandiana* Pfr. Novit conch. p. 85. t. 23. f. 14–16; Mon. Pneum. Suppl. I. p. 196.
,, *acuminata* Pfr. Mon. Pneum. Suppl. I. p. 197.
,, *lutescens* Newc.

Habita.—El tipo en *San Diego* y otros puntos de la cordillera occidental (Velz.): en los paredones de *Rangel* [Gundl.], en los *Mogotes de Galalon*! y en las piedras y paredones á orillas del rio de *San Diego de los Baños*!

• H. elongata Orb.

Helicina elongatá Orb. in Sagra p. 251. t. 21. f. 16–18.
,, Pfr. Mon. Pneum. Suppl. I. p. 200.

Habita.—En los árboles y arbustos de *Rangel*!, *Guane*!, *Pan de Guajaibon*! y en casi toda la cordillera de los Organos.

H. spectabilis Gundl.

Helicina spectabilis Gundl. mss. Poey Mem. II. p. 5.
,, Pfr. in Mal. Bl. V. 1858, p. 48; Mon. Pneum. Suppl. II. p. 230.

Habita.—En los árboles y arbustos de *Buenavista* en Bayamo y de la *Loma del Gato* (Gundl). y en los del *Pico de Turquino* (Jeann.)

H. bellula Gundl.

Helicina bellula Gundl. mss. Pfr. in Mal; Bl. VI 1859. p. 79; VII. 1860. p. 25; Mon. Pneum. Suppl. II. p. 231.

Habita.—En los arbustos de *Yateras*, *Monte Verde* y la *Cubana* en jurisdiccion de Guantánamo [Gundl.], y en los del *Yunque* de Baracoa!

H. rotunda Orb.

Helicina rotunda Orb. in Sagra p. 140. lám. 21. f. 1–3.
,, *campanula* Pfr. Mon. Pneum. p. 374.
,, *rotunda* Pfr. Mon. Pneum. Suppl. I. p. 199.

Habita.—En los árboles de *Rangel!*, *Pan de azúcar!*, *Sumidero!*, las lomas del *Cuzco!* y en general en toda la cordillera de los Organos.

H. Reeveana Pfr.

Helicina Reeveana Pfr. in Proc. Zool. Soc. London. 1848. p. 123.
,, ,, Chemn. ed. II. p. 42. t. 8. f. 5, 6.
,, ,, Pfr. Mon. Pneum. Suppl. II. p. 231.

Habita.—En las plantas de *Yateras*, en Guantánamo [Gundl.], de la *Punta de Maisí!*, *Cuesta del Palo!* y la *Sabana!* en Baracoa y del *Guajenal!* y el ingenio *El Coco!* en Sagua de Tánamo: tambien en *Jibara!*

H. granulum Gundl.

Helicina granulum Gundl. mss. Pfr. in Mal Bl. XI. 1864, p. 161.; Mon. Pneum. Suppl. II. p. 233.

Habita.—En *Monte Toro* en Guantánamo. (Gundl.).

H. granum. Pfr.

Helicina granum Pfr. in Mal. Bl. III. 1856, p. 49; Novit. conch. I. p. 86. t. 23. f. 20–23.

Habita.—En los arbustos de *Buenavista* en Bayamo (Gundl.) y de *Lagunas* en Santiago de Cuba (Gundl.).

H. remota Poey.

Helicina remota, Poey, Mem. II. p. 87. t. 8. f. 26.
,, ,, Pfr. Mon. Pneum. Suppl. II. p. 234.

Habita.—En los paredones de *Guane!*, *Pan de Azúcar!* y de *Viñales* (Wright.)

H. Wrighti Pfr.

Helicina Wrighti Pfr. in Mal. Bl. X. 1863, p. 195; Mon. Pneum. Suppl. II. p. 234.

Habita.—En los paredones y piedras de *Viñales*, los *Cayos de San Felipe* é *Isabel María* (Wright) y de *Pan de azúcar!* y el *Sumidero!* localidades todas de la jurisdiccion de Pinar del Rio.

H. Nodae Arango.

Helicina Nodae Arango in Journ. conch. 1862, p. 409
„ Pfr. Mon. Pneum. Suppl. II. p. 235.

Differt ab **Helic. rubromarginata Gundl.**, *carina nulla e colore partis quae infra carinam currit, operculi margine columellari extus non citrino.*

Habita.—En los paredones de la *Sierra de Guane!* y *Paso Real de Guane!*, de *Guajaibon!*, de *Pan de Azúcar!*, de *Viñales* y la *Sierra de Güira* (Wright).

H. subdepressa Poey.

Helicina subdepressa Poey, Mem. I. p. 420. t. 31. f. 22–26.
„ „ Pfr. Mon. Pneum. Suppl. I. t. 207.

Habita.—En *Cojímar!* cerca de la Habana, y en *Trinidad, Cabo Cruz* y *Manzanillo* (Gundl.).

H. scopulorum Mor.

Helicina scopulorum Mor. Test. noviss. I. p. 20.
„ „ Chemn. id. II. p. 72 t. 10. f. 21–23.
Trochatella? elongata Pfr. in Zeitschr. f. mal. 1848, p. 82.
Helicina scopulorum Pfr. Mon. Pneum. Suppl. I. p. 208.

Hábita.—En las *Sierras de Isla de Pinos* (Gundl.).

H. pyramidalis Sowb.

Helicina conica Orb. in Sagra p. 138. lám. 20. f. 7–9. (1841).
„ *pyramidalis* Sowb. Thes. conch. p. 9. t. 3. f. 104. (1842).
„ „ Pfr. Mon. Pneum. Suppl. I. p. 208.

El Sr. Sowerby mudó el nombre por estar empleado ya anteriormente.

Habita.—En los paredones de *Rangel* (Gundl.).

H. subglobulosa Poey.

Helicina subglobulosa Poey, Mem. I. p. 115, 120. t. 12. f. 17–21.

Se distingue de la **Helic. subdepressa Poey**, por ser más grande y por la dilatacion en ángulo recto del perítrema.

Habita.—En las plantas de *Brazo de Cauto* y *San Andres* en la jurisdiccion de Santiago de Cuba (Gundl.) y en *Guantánamo* (Gundl.)

Tambien se halla en *Fort Dallas* y *Key Biscayne* en la Florida (Binney).

H. Lembeyana Poey.

Helicina Lembeyana Poey, Mem. I. p. 420. t. 33. f. 20–21
,, *globulosa* Pfr. in Mal. Bl. I. 1854, p. 106.

Se distingue de la anterior por tener obtuso el ángulo de la columela y el perítrema que no está tan dilatado hácia fuera.

Habita.—En la *Punta de San Juan de los Perros* (Gundl.).

H. chrysochasma Poey.

Helicina chrysochasma Poey, Mem. I. t. 25. f. 17–19; II. p 26, 417.
,, ,, Pfr. Mon. Pneum. Suppl. I. p. 210.

Habita.—En los paredones de *Rangel!*, *Taco-Taco* (Gundl.) y de *Viñales* (Wright).

H. rubella Wright.

Helicina rubella Wright mss. Pfr. in Mal Bl. XI 1864, p. 107; Mon. Pneum. Suppl. II. p. 238.

Habita.—En los paredones de los *Cayos de San Felipe* y de los *Cayos de San Diego*, haciendas de la jurisdiccion de Pinar del Rio (Wright).

H. fuscula Gundl.

Helicina fuscula Gundl. mss. Pfr. Mal. Bl. X. 1863, p. 197; XI. 1864, p. 107; Mon. Pneum. Suppl. II. p. 239.

Habita.—En los paredones de *Guajaibon* [Gundl.], de *Lagunillas de Consolacion* [Wright] y de *Luis Lazo*, *Sumidero!* y *Pan de Azúcar!*.

H. Poeyi Pfr.

Helicina Poeyi Pfr. in. Mal. Bl. VI. 1859, p. 78; Novit. conch. I. p. 199. t. 52. f. 16, 17.; Mon. Pneum. Suppl. II. p. 239.

Habita.—En los árboles y arbustos de *Yateras* y *Monte Toro* en Guantánamo [Gundl.] y en los del ingenio "*El Coco*" en Sagua de Tánamo!.

H. straminea Mor.

Helicina straminea Mor. Test. noviss. p. 18.
,, *exacuta* Poey, Mem. I. p. 114, 120. t. 5. f. 7–9.
,, *straminea* Pfr. Mon. Pneum. Suppl. I. p. 213.

Habita.—En las piedras cubiertas de musgo en *Rangel!*, *Rancho Lúcas* y las *Pozas* [Gundl.] y en las lomas del *Cuzco!*.

H. rubromarginata Gundl.

Helicina rubromarginata Gundl. in Poey, Mem. II. p. 15. t. 1. f. 17, 18.

„ „ Pfr. Novit. conch. I. p. 86. t. 23. f. 17–19.; Mon. Pneum. Suppl. I. p. 213.

Habita.—En los paredones del *Pan de Guajaibon* [Gundl.].

H. declivis Gundl.

Helicina declivis Gundl. mss. Pfr. in Mal. Bl. VII. 1860, p. 24: Mon. Pneum. Suppl. II. p. 240.

Habita en los arbustos y árboles de *Mata* [Gundl.], y del *Yunque* de Baracoa!

H. alboviridis Wright.

Helicina alboviridis Wright. mss. in Pfr. Mal. Bl. XI. 1864, p. 108, Mon. Pneum. Suppl. II. p. 241.

Habita.—En los paredones cubiertos de líquenes de la hacienda de *Isabel María* [Wright].

Alcadia.

A. velutina Poey.

Helicina velutina Poey, Mem. II. 35. t. 4. f. 6, 7.

Alcadia velutina Pfr. Mon. Pneum. Suppl. I. p. 223.

Habita.—En las piedras de *Guane!*

A. dissimulans Poey.

Helicina dissimulans Poey. Mem. II. p. 35. t. 4. f. 8. 9.,

Alcadia dissimulans Pfr. Mon. Pneum. Suppl. I. p. 223.

Habita.—En las piedras de *Guane!*

A. gonostoma Gundl.

Helicina gonostoma Gundl. in Poey, Mem. II. p. 87.

Alcadia gonostoma Pfr. Mon Pneum. Suppl. II. p. 248.

Se distingue de la anterior por tener la columela canaliculada, el callo saliente y los pelos más cortos.

Habita.—En las piedras de *San Juan de Letran en Trinidad* (Gundl.)

A. incrustata Gundl.

Helicina incrustata Gundl. mss. Pfr. in Mal. Bl. VI. 1859, p. 80; Mon. Pneum. Suppl. II. p. 249.

Habita.—Debajo de las piedras en *Yateras* (Gundl.) y en toda la jurisdiccion de *Baracoa!*

A. Gundlachi Pfr.

Alcadia Gundlachi Pfr. in Mal. Bl. I. 1854, p. 110; Mon. Pneum. Suppl. I. p. 224.

Habita.—En las inmediaciones de *Cabo Cruz* (Gundl.).

A. hispida Pfr.

Helicina hispida Pfr. in Wiegm. Arch. I. 1839, p. 355.
„ *dentigera* Orb. in Sagra, p. 140. lám. 21. f. 4–6.

Habita.—Debajo de las piedras en *Matanzas!* y de *Trinidad* (Gundl.).

A. minima Orb.

Helicina minima Orb. in Sagra, p. 141. lám. 21. f. 7–9.
Alcadia minima Pfr. Mom. Pneum. Suppl. II. p. 250.

Habita.—En las piedras y hojarasca de *Almendares!*, *Güines!*, *Jaruco!*, *Matanzas!*, *Canasí!*, *Pan de Azúcar!*, *Cayos de San Felipe* (Wright.), *Trinidad* (Gundl.) y el *Yunque de Baracoa!*; como se vé está esparcida en toda la Isla.

A. proxima Gundl.

Helicina proxima Gundl. Poey, Mem. II. p. 6.
Alcadia proxima Pfr. Mom. Pneum. Suppl. II. p. 250.

Habita.—En las piedras y hojarasca de *Buenavista* en Bayamo (Gundl.).

A. capax Gundl.

Helicina capax Gundl. mss.
Alcadia capax Pfr. Mon. Pneum. Suppl. I. p. 224.

Habita.—Debajo de las piedras en *Sitio Quemado* y *San Juan de Letran* en Trinidad (Gundl.).

FAM. PROSERPINADAE.

Gen. Proserpina.

Pr. depressa Orb.

Odontostoma depressa Orb. in Sagra, p. 131. lám. 18. f. 4–7.

Helicina ptychostoma Pfr.

Proserpina depressa Pfr. Mon. Auric. p. 173.

Habita.—En las piedras y hojarasca de *Managua!*, de *Guane!*, *Rangel!* y toda la cordillera de los Organos, de *Monte Toro* en Guantánamo (Gundl.). En la hacienda *Los Acostas* en Pinar del Rio se halla una bellísima var. con faja roja.

Pr. globulosa obr.

Odontostoma globulosa Orb. in Sagra, p. 132. lám. 18. f. 8–11.

Proserpina globulosa Pfr. Mon. Auric. p. 172.

Habita.—Como la anterior en *Managua* (Poey), en el *Yunque de Baracoa!* y en casi toda la Isla; tambien en las *Sierras de la Isla de Pinos* (Gundl.).

FAM. AURICULADAE.

Gen. Melampus.

M. cingulatus Pfr.

Auricula cingulata Pfr. in Wiegn. Arch. I. 1840, p. 251.

oliva Orb. in Sagra, p. 100. lám. 12. f. 8–10. (1841).

,, *stenostoma* Küst.

Melampus Poeyi Pfr. in Zeitschr, f. mal. 1853, p. 126; Mon. Auric. p. 17.

,, *cingulatus* Pfr. Mon. Auric. p. 17.

Habita.—En los lugares cenagosos de toda la *Isla!*

Tambien en *Jamaica* y *Porto-rico* (Binney) y en la *Florida* [Bartlet]. Corresponde al género **Tralia Gray**, subgénero **Tifata H. A. Ad.**

M. Gundlachi Pfr.

Melampus Gundlachi Pfr. in Zeitschr. f. mal 1853, p. 126; Mon. Auric. p. 20.

Probablemente esta especie es una var. de la siguiente.

Habita.—En *Cayo Blanco*, cerca de Cárdenas (Gundl.).

M. flavus Gml.

Voluta flava Gml. Syst. nat. p. 3436.
Bulimus monile Brug. Encycl. méth. I. p. 338.
Melampus coronatus C. B. Ad. Contr. to conch. p. 41 (junior.)
coronulus H. et. A. Ad. in Proc. Zool. Soc. London, 1854, p. 10.
torosa Mörch. Cat. Yold. p. 38.
,, *flavus* Pfr. Mon. Auric. p. 21.

Habita.—Habita como los anteriores en toda la *Isla!*

Tambien se halla en *Guadalupe*, *Jamaica*, *Porto-rico* y *Florida* (Binney).

M. coffeus L.

Bulla coffea L. Syst. nat. ed. X. p. 729.
Voluta minuta Gml. Syst. nat. ed. 13. p. 3436.
Ellobium Barbadense Bolt: doc. Pfr.
Bulimus coniformis Brug. Encycl. méth. I. p. 339.
Melampus fusca Mörch. Cat. Yold. p. 38.
Melampus coffea Pfr. Mon. Auric. p. 28.

Habita.—En las mismas circunstancias que los anteriores en toda la *Isla!*

Tambien se encuentra en *Jamaica*, *Porto-rico*, *Guadalupe*, *Texas*, *Indian Keys* en la Florida, *Labrador*, *México* y *Cayenne*.

M. pusillus Gml.

Voluta pusilla Gml. Sist. nat. ed. 13. p. 3436.
,, *triplicata* Donov. Brit. Shells IV. t. 138.
Bulimus ovulus Brug. Encycl. méth. I. p. 339.
Auricula nitens Lamk. Ann. s. vert. 2ª part. p. 141.

Auricula leucodonta Nutt.: doc. Pfr.
Melampus pusillus Pfr. Mon. Auric. p. 46.
Habita.—Como los anteriores en toda la *Isla!*
Tambien se halla en *Jamaica, Guadalupe y Porto-rico.*

Gen. Pedipes.

P. mirabilis Mühlf

Turbo mirabilis Mühlfeld in Mag. Ges. Fr. Berol. Jahrg. VIII. 1818, p. 8. t. 2. f. 13 a. b.
Pedipes quadridens Pfr. in Wiegm. Arch. 1839, p. 357.
,, *ovalis* Ad. Contr. to Conch. p. 41.
,, *tridens* Pfr. in Proc. Zool. Soc. London, 1854, p. 122.
,, *mirabilis* Pfr. Mon. Aauric. p. 70.
,, *ovalis* Pfr. Mon. Auric. p. 70.
,, *tridens* Pfr. Mon. Auric. p. 72.
Habita.—En el litoral de la *Habana!*, *Cárdenas!*, *Matanzas!* y de toda la *Isla!*
Tambien se encuentra en *Jamaica, Guadalupe, Porto-rico* y las *Bermudas.*

Gen. Plecotrema.

Pl. cubensis Pfr.

Plecotrema cubensis Pfr. in Mal. Bl. 1854, p. 153; Mon. Auric. p. 107.
Haбita.—En el litoral de la *Habana!*, *Cárdenas!*, *Matanzas*, etc.

Gen. Blauneria.

Bl. heteroclita Mont.

Voluta heteroclita Mont. in Test. Brit. Suppl. p. 469. (1808).
Achatina? pellucida Pfr. in Wiegm. Arch. I. 1840, p. 252.
Tornatellina cubensis Pfr. Symb. II. p. 130.
Blauneria pellucida Binney, Land and fresh-wat Shells of N. A. part. II. p. 21. f. 22.
,, ,, Pfr. Mon. Auric. p. 153.

Habita.—En los mismos lugares que los *Malampus*.

Tambien se encuentra en la *Florida*, *Jamaica* y *Porto-rico*, lo mismo que en *Inglaterra* donde parece fué introducida.

Gen. Leuconia.

L. occidentalis Pfr.

Leuconia occidentalis Pfr. in Mal. Bl. 1854 p. 155; Mon. Auric. p. 157.

Habita.—En el litoral de la *Habana!*, *Cárdenas!*, *Cabo Cruz!* etc.

L. succinea Pfr.

Leuconia succinea Pfr. in Mal. Bl. 1854; p. 156; Mon. Auric. p. 157.

Habita.—En los mismos lugares que la anterior!

FAM. HELICIDAE.

Gen. Helix.

H. versicolor Born.

Helix versicolor Born. Mus. p. 386. t. 16. f. 9–10.

„ *pictoria* } Perry: doc. Pfr.
„ *cincta* }

„ *globulosa* Pfr. Symb. II. p. 29.

Habita.—En las plantas de *Yateras* en Guantánamo (Wright), de *San Antonio!*, *Jojo!*, *Jauco!*, *Tacre!*, *Cajobabo!*, haciendas de la jurisdiccion de Baracoa costa del Sud. He hallado muchos sobre la planta conocida de Baracoa con el trivial de *Cardona* (*Melocactus communis D. C.*)

H. picta Born.

Helix picta Born. Mus. p. 386. t. 15. f. 17, 18.

Helix venusta Gml. Syst. nat. ed. 13. p. 3650.
Cortex mali-citrei Chemn. IX. P. 2. 128. t. 130. f. 1162-65.
Limiax tiara Martyn: doc. Jay.
Helix picta Pfr. Mon. Helic. V. p. 49.

Sin disputa esta es la especie más bonita de todas cuantas se conocen y tambien de las más codiciadas: hay variedades de todos los colores conocidos, ménos el azul, y en todos los tonos: el tamaño y la forma varía algo. Los individuos que habitan en el Yunque de Baracoa son los que alcanzan mayor tamaño, los que viven en las inmediaciones de la poblacion son más lustrosos, predominando el de fondo blanco con ligero tinte color de rosa; seis leguas más hácia la Punto de Maisí la variacion es tan notable que pasan á ser enteramente mates los colores, presentando el aspecto del terciopelo; en los del partido de Jauco predominan los individuos adornados de bandas longitudinales; los del partido de Maisí son los más chicos, globulosos y consistentes y de colores muy encendidos.

En mi coleccion (hoy propiedad de la Real Academia de Ciencias médicas, físicas y naturales de la Habana, á quien la regalé) se hallaban más de cuatrocientas cincuenta variedades bien definidas, teniendo la íntima conviccion de que este número será pequeño cuando se haya explorado toda la zona en que viven, que á mi entender está comprendida entre la línea que tirada del Puerto de Nuevas Grandes al Cabo Cruz corta la Isla y la Punta de Maisí.

Habita.—Ademas de hallarse en toda la jurisdiccion de *Baracoa!*, se encuentra en *Sagua de Tánamo!*, *Guisa de Bayamo* (Gundl.), *Mayarí* (Dr. Gut.), *Santiago de Cuba* (Gundl.). *Yateras* en Guantánamo [Gundl.] y *Holguin* (Clerch).

H. sulphurosa Mor.

Helix sulphurosa Mor. Test. noviss. I. p. 8.
" " Pfr. Novit. conch. p. 239. t. 61. f. 13-14; Mon. Helic. V. p. 49.

Habita.—En *Gibara* (Mor.).

H. muscarum Lea.

Helix muscarum Lea, Obs. I. p. 163. t. 19. f. 59.

Helicogena globulosa Fér. Prod. 17. Hist. t. 25. f. 3, 4: t. 25 A. f. 7, 8.

Helix carnicolor Obr. (nec. typus) in Sagra, p. 82. lám. 10. f. 5–8.

,, *muscarum* Pfr. Mon. V. p. 49.

Habita.—En las plantas de la costa de *Sagua de Tánamo!* *Gibara!*, *Nuevitas!*, *Auras en Holguin* (Clerch) y probablemente en todo el espacio comprendido entre Nuevitas y Sagua de Tánamo.

H. Cubensis Pfr.

Helix cubensis Pfr. in Wiegm. Arch. I. 1840, p. 250.

,, *Lanieriana* Orb. in Sagra, p. 83. lám. 7. f. 17–20 (1841)

Helix penicillata Gould in Bost. Journ. IV. nº 1. 1842. (extus).

Microcystis trifasciella Beck: doc. Pfr.

,, *pictella* Beck: doc. Pfr.

Nanina pulchella Beck: doc. Pfr.

Helix Cubensis Pfr. Mon. Helic. V. p. 50.

Habita.—En los arbustos desde *Cárdenas* hasta el Cabo San Antonio!

H. Jaudenesi Cisneros.

Helix Jaudenesi Cisneros mss. Arango in Anal. de la Real Acad. de C. méd., fís. y nat. de la Habana, t. XII. p. 281.

Habita.—En el *Cabo de San Antonio* [Jaud.].

H. comes Poey.

Helix comes Poey, Mem. II. p. 29.

,, ,, Pfr. Mon. Helic. V. p. 50.

Habita.—En las plantas de *Isla de Pinos* (Gundl.).

H. Letranensis Pfr.

Helix Letranensis Pfr. in. Mal. Bl. IV. 1857, p. 105.; Mon. Helic. V. p. 50.

Habita.—En los árboles y piedras de *San Juan de Letran* en Trinidad (Gundl.), del *Cuzco!*, de *Rangel!*, *Baños de San Diego!* y de casi toda la cordillera de los Organos.

H. Bartlettiana Pfr.

Helix Bartlettiana Pfr. in Zeitschr. f. mal. 1848, p. 89.
,, *Gossei*, var. Rve. t. 55. f. 262.
,, *Bartlettiana* Pfr. Mon. Helic. V. p. 50.

Habita.—En los árboles de *Buenavista* en Bayamo [Gundl.] y *Brazo de Cauto* en Santiago de Cuba (Gundl.).

H. Brocheroi. Gutz.

Helix Brocheroi Gutz, mss. Pfr. Novit. conch. p. 273. t. 61. f. 7, 8; Mon. Helic. V. p. 50.

Habita.—En los arbustos de la *Punta de Maisí!*.

H. Lindoni Pfr.

Helix Lindoni Pfr. in Proc. Zool. Soc. London. 1846, p. 109.
,, *immersa* Gundl. Poey Mem. II. p. 7.
Helix Lindeni Pfr. Mon. Helic. V. p. 50.

Habita.—En los árboles de *Guisa* en Bayamo [Gundl.] y de *Cayo del Rey* en Mayarí (Wright.).

H. melanocephala Gundl.

Helix melanocephala Gundl. mss. Pfr. in Mal. Bl. VI. 1859, p. 88; Mon. Helic. V. p. 50.

Habita.—En las plantas de *Monte Toro* en Guantánamo [Gundl.] y de *Cayo del Rey* en Mayarí (Wright).

H. Lescaillei Gundl.

Helix Lescaillei Gundl. mss. Pfr. in Mal. Bl. VI. 1859, p. 89; Mon. Helic. V. p. 56.

Habita.—En las plantas de *Yateras* y *Monte Líbano* en Guantánamo [Gundl.].

H. Lassevillei Gundl.

Helix Lassevillei Gundl. mss. Pfr. in Mal. Bl. VIII. 1861, p. 220; Mon. Helic. V. p. 57.

Habita.—En las plantas de la montaña *La Gran Piedra* [Jeaneret].

H. pemphigodes Pfr.

Helix pemphigodes Pfr. in Proc. Zool. Soc. London, 1846. p. 110.
Cisticopsis Cubensis Alb. ed. 2ª p. 145.: doc. Pfr.
Helix *pelliculata* Gundl. Poey, Mem. II. p. 7.

Helix pemphigodes Pfr. Mon. Helic V. p. 59.

Varía mucho en la forma: unos individuos son deprimidos, costillas fuertes, muy separadas y con quilla muy aguda; otros al contrario son globulosos, costillas finas y apretadas, de tamaño mayor.

Habita.—Entre la hojarasca en la *Sabana!*, *Cuesta del Palo!*, *Yacabo-arriba!* y el *Yunque!* localidades de Baracoa, en la del *Guajenal!* en Sagua de Tánamo, en la de *Buenavista* (Gundl.) en Bayamo, en la de *Yateras* (Gundl.) en Guantánamo y en la de *Brazo de Cauto* (Gundl.) en Santiago de Cuba.

H. naevula Mor.

Helix naevula Mor. Test. noviss. p. 7.
,, ,, Pfr. Mon. Helic. IV. p. 20.

Habita.—En las plantas de *Nuevitas!* y de la *Punta de Maternillos* (Jaudenes).

H. turbiniformis. Pfr.

Helix turbiniformis Pfr. in Wiegm. Arch. 1839, I. p. 350.
,, *subpyramidalis* Ad. in Bost. Proc. 1845, p. 15.
Helix Mac-Nabiana Chitty, Contr. to conch. nº 1. p. 17.
,, *turbiniformis* Pfr. Mon. Helic. V. p. 68.

Habita.—En los troncos de árboles de *Yateras* en Guantánamo (Gundl.), del cafetal *Fundador* en Matanzas (Gundl.) y del *Cabo Cruz!*

Tambien se encuentra en *Jamaica*.

H. Gundlachi Pfr.

Helix pusilla Pfr. in Wiegm. Arch. I. 1839, p. 351.
,, *Gundlachi* Pfr. in Wiegm. Arch. I. 1840, p. 250.
simulans Ad. Contr. to conch. 1849, p. 35.
egena Gould. in Binn. Terr. moll. II. p. 245. t. 22. f. 3.
,, *Gundlachi* Pfr. Mon. Helic. V. p. 71.

Habita.—Debajo de las piedras y en la hojarasca de *Camoa!*, *Yateras* y *Buenavista* en Bayamo (Gundl.), en las de *Tabajó* en Baracoa y en otras localidades.

Se encuentra tambien en *Jamaica*, *Porto-rico*, *St. Thomas*, *Filadelfia* y la *Florida*.

H. euclasta.

Helix euclasta Shuttl. Diagn. n. Moll. p. 130. (1852).
Swifti Pfr. in Proc. Zool. Soc. London. 1851. p. 51.
,, *euclasta* Pfr. Mon. Helic. V. p. 113.

Habita.—En las piedras de *Manzanillo* y *Bayamo* (Gundl.) y de *Yacabo-arriba* en Baracoa!.

Tambien se halla en *Porto-rico*, *St. Thomas* y *Filadelfia*.

H. translucens Gundl.

Helix translucens Gundl. mss. Pfr. in Mal. Bl. VII. 1860, p. 17; Mon. Helic. V. p. 135.

Habita.—En los arbustos del *Yunque!* y *Bariguá!* en Baracoa.

H. Boothiana Pfr.

Helix Boothiana Pfr. in Wiegm. Arch. I. 1839. p. 351.
vitrina Ad.
,, *Boothiana* Pfr. Mon. Helic. V. p. 135.

Habita.—En casi toda la Isla!

Tambien se halla en Jamaica.

H. gracilis Poey.

Helix gracilis Poey, Rep. fis. nat. 1865, p. 69.

Habita.—En las piedras y hojarasca de *Buenavista* en Bayamo (Gundl.) y de *San Juan de los Remedios*.

H. Montetaurina Pfr.

Helix Montetaurina Pfr. in Mal. Bl. 1859. p. 91; Mon. Helic. V. p. 135.

Habita.—En las piedras y hojarasca de *Monte Toro* en Guantánamo (Gundl.) y del *Yunque* de Baracoa!.

H. saxicola Pfr.

Helix saxicola Pfr. in Wiegm. Arch. I. 1840. p. 251.
Mauriniana Orb. in Sagra, p. 85.
Lavalleana Orb. in Sagra, t. 8. f. 16–19.
,, *saxicola* Pfr. Mon. Helic. V. p. 138.

Habita.—Entre el musgo de los palos y piedras de *Tabajó!* en Baracoa, de *Lagunillas de Consolacion* [Wright], de *Brazo de Cauto* en Santiago de Cuba [Gundl.], de *Magua* y *Letran* en Trinidad (Gundl.) &.

H. Jeannereti Pfr.

Helix Jeannereti Pfr. in Mal Bl. V, p. 181; Mon. Helic. V. p. 138.

Habita.—En la hojarasca de *Yateras* en Guantánamo y de *Brazo de Cauto* en Santiago de Cuba [Gundl.].

H. nitensoides Orb.

Helix nitensoides Orb. in Sagra, p. 84. t. 10. f. 9-12.
,, ,, Pfr. Mon. Helic. V. p. 142.

Habita.—En *Monte Líbano* en Guantánamo [Gundl.].

H. Ottonis Pfr.

Helix Ottonis Pfr. in Wiegm. Arch. I. 1840, p. 251; Mon. Helic. V. p. 146.

Habita.—Debajo de las piedras en *Canasí!*, *Sabana de Robles!*. Tambiem se encuentra en la *Florida*.

H. vortex Pfr.

Helix vortex Pfr. in Wiegm. Arch. I. 1839, p. 351.
,, *selenina* Gould in Proc. Bost. Soc. 1848, p. 38.
ottellina Riise.
,, *vortex* Pfr. Mon. Helic. V. p. 146.

Habita.—Las piedras en *Almendares!*, *Ceiba Mocha!*, *Trinidad* [Gundl.], *Bayamo* [Gundl.], *Monte Toro* [Gundl.] y en casi toda la Isla!.

Igualmente se halla en las islas de *Santa Cruz*, *Haiti*, *St. Thomas*, *Barbadas*, *Bermudas*, *Porto-rico* y en *Georgia* y la *Florida*.

H. minuscula Binn.

Helix minuscula Binney in Bost. Journ. III. p. 345. t. 22. f. 1.
,, *Lavalleana* Orb. in Sagra, p. 84.
Mauriniana Orb. in Sagra, t. 8. f. 20-23.
,, *minutalis* Mor. Test. noviss. II. p. 7.

Habita.—Debajo de las piedras en la *Habana!*. *Guantánamo!* (Gundl.), *Jaruco!*, *Sabana de Robles!* &.

Vive tambien en *Jamaica*, *St. Thomas*, *Ohio* y *Tejas*.

H. debilis Pfr.

Helix fragilis Pfr. in Wiegm. Arch. I. 1839, p. 350.
debilis Pfr. Mon. Helic. V. p. 153.

Habita.—En las piedras de *Jaruco!*, *Ceiba Mocha!*, *Trinidad* [Gundl.] y otras localidades de la Isla.

Tambien se encuentra en *Carolina* y *Vermot*.

H. incrustata Poey.

Helix incrustata Poey Mem. I. p. 208, 212. t. 12. f. 11-16.
incrassata Rve. nº 972, t. 150.
,, *incrustata* Poey, Mon. Helic. V. p. 153.

Habita.—En los troncos de los árboles en *Puentes Grandes!*, *Santa Cruz de los Pinos!*, *Habana!*, *Cogimar!*, &.

H. paucispira Poey.

Helix paucispira Poey, Mem. II. p. 13.
,, ,, Pfr. Mon. Helic. V. p. 168.

Habita.—Entre las piedras y hojarasca de *Yateras* en Guantánamo, *Corralillo* y *Brazo de Cauto* en Santiago de Cuba, de *Guisa* en Bayamo [Gundl.], del *Yunque* de Baracoa!, y de *Sagua de Tánamo!*.

H. morbida Mor.

Helix morbida Mor. Test. noviss. I. p. 8.
Chemn. ed. II. p. 476. t. 158. f. 28-30.
,, ,, Pfr. Mon. Helic. V. p. 198.

Habita.—En los cayos de *Santa María*, frente á la *Punta* de San Juan de los Perros.

H. Hillei Gundl.

Helix Hillei Gundl. mss. Pfr. in. Mal. Bl. XVII. 1870. p. 90.

Habita.—En los *Puriales* de Trinidad [Gundl.]

H. tichostoma Pfr.

Helix tichostoma Pfr. in Wiegm. Arch. I. 1839. p. 351.
lamellina Newc.
,, *tichostoma* Pfr. Mon. Helic. V. p. 222.

Habita.—Siempre la he hallado muerta en la *Habana!*, *Matanzas!*, *Almendares!*.

H. Luzi Arango.

Helix Luzi Arango in Poey Rep. II. p. 270.
Pfr. in Mal. Bl. XIII. 1866. p. 58. Mon. Helic. V. p. 232.

Habita.—En las plantas de la costa de *Sagua de Tánamo!*.

H. Auberi Orb.

Helix Auberi Orb. in Sagra, p. 82. lám. 7. f. 13-16.
" " Pfr. Mon. Helic. IV. p. 174.

Habita.—En las plantas de *Banes* [Poey] y de *Cienfuegos* [Cisneros].

H. stigmatica Pfr.

Helix stigmatica Pfr. Symb. I. p. 40.
Phil. Icon. II. p. 4. t. 6. f. 6.
" " Pfr. Mon. Helic. IV. p. 175.

Habita.—Debajo de las piedras desde *Matanzas!* hasta el *Cabo San Antonio!*

H. prominula Pfr.

Helix prominula Pfr. in Mal. Bl. V. 1858, p. 181; Mon. Helic. V. p. 264.

Habita.—Entre las hojas secas de los magueyes [*Agave Antillarum* *Desc.*] de *Monge*, cerca de Cabo Cruz [Gundl.].

H. Wrighti Gundl.

Helix Wrighti Gundl. mss. Pfr. in Mal. Bl. XII. p. 118; Novit. conch. p. 270. t. 67. f. 6-8.

Habita.—Hallada muerta en las vegas de *Viñales* [Wright.].

H. subtussulcata Wright.

Helix subtussulcata Wright. mss. Pfr. in Mal. Bl. X. 1863, p. 199; Novit. conch. p. 235. t. 61. f. 1-3; Mon. Helic. V. p. 279.

Habita.—En la hojarasca al pié de los paredones, la var. mayor en *Pan de Azucar!* y *Viñales* y la menor en la *Güira de Luis Lazo* [Wright.].

H. Parraiana Orb.

Helix Parraiana Orb. in Sagra, p. 76. lám. 7. f. 7-9.
" " Pfr. Mon. Helic. V. p. 279.

Varía mucho de forma y color, pasando insensiblemente de *globoso-conica* á *subdepressa*, pareciéndose entónces mucho á la **H. Sagraiana** Orb.: el ombligo en unos individuos es púdico, en otros completamente abierto.

Habita.—Entre las piedras y hojarasca de *Rangel!*, *Pan de Azúcar!*, *Sumidero!* y de toda la cordillera de los Organos.

H. Dennisoni Pfr.

Helix Dennisoni Pfr. in Zeitschr. 1853, p. 56.
,, *Juliana* Poey, Mem. I. p. 208, 447. t. 25. f. 13-16.
Dennisoni Pfr. Novit. conch. p. 53. t. 15. f. 7-10.; Mon. Helic. V. p. 284.

Especie en mi concepto muy dudosa, hay variedades que solo difieren de la **H. alauda F.** por el color de la boca.

Habita.—En *Cabo Cruz* y sus cercanías [Gundl.].

H. Petitiana Orb.

Helix Petitiana Orb. in Sagra, p. 75. t. 9. f. 1-3.
,, ,, Pfr. Mon. Helic. V. p. 287.

Habita.—En las piedras cerca del nacimiento de los rios *Caballero* y *San Juan* de Trinidad [Gundl.]. Parece que tambien se halla en *Cienfuegos*.

H. sobrina Fér.

Helix sobrina Fér. pr. 84. Hist. t. 43. f. 6.
crassilabris Pfr. in Proc. Zool. Soc. London 1846. p. 111.
Phil Icon. III. 17. t. 10. f. 1.
,, ,, Pfr. Mon. Helic. V. p. 287.

Habita.—En varias localidades de las jurisdicciones de *Santiago de Cuba* y *Guantánamo* [Gundl.], de *Mayarí* [Wright.] y de *Baracoa!*.

H. scabrosa Poey.

Helix scabrosa Poey Mem. I. p. 421. t. 34. f. 1-5; II. p. 57. 67. t. 6. f. 13.
Pfr. Novit. conch. p. 181. t. 49. f. 10-11.; Mon. Helic. V. p. 287.

Habita.—En las piedras y plantas cerca del nacimiento del rio *Caballero* en Trinidad [Gundl.].

H. Guanensis Poey.

Helix Guanensis Poey, Mem. II. p. 35. t. 4. f. 11-14; II. t. 4. f. 14.
,, ,, Pfr. Mon. Helic. V. p. 287.

Se diferencia de la **Helix auricoma Fér.** por su tamaño mucho mayor, la abertura ménos estrecha y la escultura que es espiral: el animal presenta un flagelo muy largo.

Habita.—Entre las piedras y hojarasca en *Guane!*, *Sumidero!*; *Pan de Azúcar!*. *Galalon!* y otras localidades de los Organos.

H. auricoma Fér.

Helix auricoma [Helicogena] Fér. pr. 80. Hist. t. 46. f. 7-9.
microstoma Lam. 23. p. 72. ed. Desh. p. 39.
Bonplandi Val. in Humb. Zool. II. p. 239.
noscibilis Fér. t. 46. A. f. 8.
,, *auricoma* Pfr. Mon. Helic. V. p. 287.

Habita.—En toda la Isla!

H. Trinitaria Gundl.

Helix Trinitaria Gundl. mss. Pfr. in Mal. Bl. V. 1858, p. 176; Mon. Helic. V. p. 287.

Habita.—En las piedras y árboles de la jurisdiccion de *Trinidad* [Gundl.].

H. Rangelina Pfr.

Helix Rangelina Pfr. in Mal. Bl. 1854, p. 157; Novit. conch. p. 184. t. 50. f. 1-3; Mon. Helic. V. p. 287.

Habita.—En la hojarasca de *Rangel!*, *Pan de Guajaibon!*, *Peña Blanca!* y en el cafetal "*La Villa*"! en Candelaria.

H. lamellicosta Gundl.

Helix lamellicosta Gundl. in Pfr. Mal. Bl. VII. 1861. p. 220.
,, ,, Pfr. Novit. conch. p. 185. t. 50. f. 4-6.

Habita.—En la hojarasca de *Piloto-arriba* en Mayarí [Wright.]

H. Baracoensis Gutz.

Helix Baracoënsis Gutz. mss. Poey, Mem. II. p. 26.
,, ,, Pfr. Mon. Helic. V. p. 288.

Fácil de distinguir de las otras especies del grupo por tener la epidérmis rugosa.

Habita.—En la hojarasca del *Saltadero*, *Yateras* y *Monte Toro* en Guantánamo [Gundl.] y en el ingenio "*El Coco*"! en Sagua de Tánamo: pero no en Baracoa al ménos no la hemos hallado en los lugares de esa jurisdiccion que hemos explorado.

H. Guantanamensis Poey.

Helix Guantanamensis Poey, Mem. II. p. 27. t. 3. f. 8-9.

Helix Guantanamensis Pfr. Novit. conch. p. 186. t. 50. f. 7-9; Mon. Helic. V. p. 288.

La forma más alargada, el menor inflamiento de la última vuelta, el perítrema apénas reflexo, el tamaño algo mayor y el color que es de un amarillo subido son caractéres que la diferencian bien de la **H. Bayamensis Pfr.**

Habita.—Entre las piedras y hojarasca de *Yateras* en Guantánamo [Gundl.] y de *Sagua de Tánamo*!.

H. proboscidea Pfr.

Helix porcina Gutz mss.
proboscidea Pfr. in Mal. Bl. 1856, p. 44; Novit. conch. p. 204. t. 54. f. 1-3; Mon. Helic. V. p. 288.

Habita.—En la hojarasca de *Monte Toro* en Guantánamo (Gundl.) y del ingenio "*El Coco*" en Sagua de Tánamo!.

H. Bayamensis Pfr.

Helix Bayamensis Pfr. in Mal. Bl. I. 1851. p. 189. t. 2. f. 4–6; Mon. Helic. V. p. 288.

Véase la nota de la **H. Guantanamensis Poey.**

Habita.—En la hojarasca de *Guisa* y otras localidades de *Bayamo* (Gundl.), del *Aserradero* en Guantánamo (Gundl.) y del *Ramon* en Santiago de Cuba (Gundl.).

H. provisoria Pfr.

Helix provisoria Pfr. in Mal. Bl. V. 1858. p. 39.
appendiculata Gundl, in Sched. (1859).
„ *provisoria* Pfr. Mon. Helic. V. p. 288.

Habita.—En las plantas, piedras y hojarasca de *Cabo Cruz* y *Bayamo* (Gundl.) y de *Baracoa*!

Tambien se encuentra en *Bahamas*.

H. emarginata Gundl.

Helix emarginata Gundl. mss. Pfr. in Mal. Bl. IV. 1859, p. 86; Novit. conch. p. 182. t. 49. f. 4-5.

Habita.—Se halla en la *Caimanera* de Guantánamo (Gundl.) y en *Mayarí* (Wright.).

H. alauda Fér.

Helix alauda (Helicostyla) Fér. p. 319. Hist. t. 103. f. 2-3.
strobilus Fér. p. 317. Hist. t. 103. f. 1.

Helix avellana (Helicostyla) Fér. p. 318. Hist. t. 103. f. 4. 5.
» *Hebe* Desh. in Fér. Hist. I. p. 211. t. 37 A. f. 5.
» *purpuragula* Lea, Observ. I. p. 149. t. 9. f. 8—10.
» *manilla* Lea, Observ. I. p. 166. t. 19 f. 64.
» *pudibunda* Beck, Index 1837.
Helis bizonalis Grat. in Act. de la Soc. Lin. de Bord. XI. p. 412. f. 7.
» *solida* Mke.

Esta especie varía tanto de forma y color, que bien puede disculparse el que haya recibido tantos nombres, cuantos aparecen en la sinonimia.

El Dr. Pfeiffer mantiene aún separadas de esta especie las *Helix strobilus* y *avellana Fér.*: no es posible aceptarlas, vistas las transiciones de unas á otras, observaciones que no pueden hacerse sino teniendo á la vista gran número de ejemplares. En mi coleccion (hoy de la Real Academia de Ciencias médicas, físicas y naturales de la Habana), se encuentra la especie representada por más de noventa variedades, bien definidas, con más de doscientos individuos.

Las variedades de las cercanías de la *poblacion* y del *Yunque* de Baracoa, convienen con la *Helix strobilus* Fér. y se vé en ellas que de cónico-globosas vienen por transiciones á ser tan deprimidas que entónces presentan una quilla notable.

Las variedades de la *Cuesta del Palo* en Baracoa se aproximan mucho á la descripcion y figura de Chemn. ed. II. Helix nº 313. p. 316. t. 54. f. 7, 8. de la que solo se diferencia por el color.

Habita.—En las plantas de la *Punta de Maisí!*, *Cuesta del Palo!*, La *Sabana!*, *Yumurí!*, *Mesa del Sapote!*, *Barigua!*, *Jojó!*, *Jauco!*, *Loma del Esparto!*, *Cajobabo!*, *Punta de la Caleta!*, *Yunque!* y alrededores de la poblacion, todas localidades de la jurisdicion de Baracoa: en el ingenio «*El Coco*»! y el *Guajenal!* en Sagua de Tánamo: en *Aguadores* y *Corralillo* y el *Pico de Turquino* (Gundl.): de *Yateras* en Guantánamo: de *Guisa* en Bayamo (Gundl.): de Cabo Cruz y de Holguin.

H. nigropicta Arango.

Helix nigropicta Arango in Poey Rep. II. p. 270.

Helix *nigropicta* Pfr. in Mal. Bl. XIII. 1866. p. 57; Mon. Helic. V. p. 304.

Habita.—En las plantas de las cercanías de la bahía de *Sagua de Tánamo*!

H. ovum-reguli Lea.

Helix ovum-reguli Lea, Obs. I. p. 164. t. 19. f. 61.
» » Pfr. Mon. Helic. IV. p. 234.

Habita.—En las plantas junto al *Morro* de Santiago de Cuba y en las de la *Caimanera* en Guantánamo (Gundl.).

H. Apollo Pfr.

Helix *Apollo Pfr.* in Proc. Zool. Soc. London, 1860. p. 133. t. 50. f. 9.; Mon. Helic. V. p. 309.
Helix imperatrix Gundl. mss. Crosse. in. Journ. conch. 1860. p. 228.

Habita,—Entre la hojarasca de la parte alta del *Yunque de Baracoa!*

H. Sagemon Beck.

Caracolla Sagemon Beck Index p. 31. (ex. syn).
Helix marginata. Müll. Orb. in Sagra p. 79. t. 4. f. 11—13.
» *marginatoides* Orb. in Sagra. p. 80. t. 5. f. 8.–10.
» *marginelloides* Orb. in Sagra p. 80. t. 9. f. 14–16.
» *rostrata* Pfr. Zeitschr. f. mal. 1847. p. 12.
» *Mina* Pfr. in Zeitschr. f. mal. 1852. p. 92.
» *Pazensis* Pocy Mem. I. p. 410. t. 33. f. 23.
» *Arangiana* Poey Mem. I. p. 410. t. 33. f. 17–20.
» *Gutierrezi* Poey Mem. I. p. 411. t. 33. f. 5–8.
» *transitoria* Pfr. in. Mal. Bl. II. 1855. p. 99.
» *jactata* Gundl. in Pfr. Mal Bl. V. 1858. p. 175.
» *Schwartziana* Pfr. in Mal Bl. XI. 1864. p. 125; Novit. conch. p. 269. t. 67 f. 1. 2.
» *Redfieldiana* Poey.

El Dr. Pfeiffer en su Monogr. Helic. V. cree que las diversas variedades son buenas especies y mantiene como tales en él l. c. las siguientes: *Helix rostrata Pfr., marginelloides Orb., Arangiana Pocy, Mina Pfr., Pazensis Pocy, Gutierrezi Pocy, jactata Gundl., Schwatziana Pfr.* y *Sagemon Beck.*, las cuales no es posible conservar, pues el gran número de individuos que hemos observado demuestran con sus transiciones y con el estudio del animal que todas son variedades de la *H. Sagemon Beck.*

H. imperator Mont.

Helix imperator Mont. II. -p. 155. t. 39.

» » Pfr. Mon. Helic. V. p. 318.

Especie muy conocida y deseada por todos los naturalistas, es de las mayores que se hallan en Cuba. Varía mucho en la forma, pues unas veces es bastante globosa, miéntras que otras es tan deprimida que presenta una carina notable; otras la forma es escalariforme, esto es raro: el ombligo en unas está muy abierto en otras es púdico (*): los dientes que circuyen el peritrema interno varían de número y forma. Los jóvenes son delgados y transparentes, carecen de dientes.

Esta es una de las especies que cuando se irritan desprenden la parte posterior del pié, teniendo la facultad de reproducirlo.

En la *Helix Apollo Pfr.* y *Helix sobrina Fér*, se observa lo mismo.

Habita.—Entre la hojarasca al pié de los árboles en *Mata* (Gundl.) *Barigua!*, la *Sabana!*; localidades de la jurisdiccion de Baracoa.

H. Sauvallei Arango.

Helix Sauvallei Arango mss. Pfr. in Mal. Bl. XIII. 1866. p. 58; Mon. Helic. V. p. 323.

Habita.—En los arbustos de la costa de *Baracoa!*: muy rara.

H. Sagraiana Orb.

Helix Sagraiana Orb. in Sagra, p. 75. t. 7. f. 4–6.

» » Pfr. Mon. Helic. V. p. 327.

Habita.—En los árboles y paredones del *Pan de Guajaibon!*

H. Poeyi Petit.

Helix Poeyi Petit in Guér. mag. 1836. t. 74.

» » Orb. in Sagra, p. 78. t. 5. f. 11–13.

» *straminea* Mke.

Geotrochus velutinata Beck.

(*) El Sr. Poey llama á las especies que tienen cubierto el ombligo *púdicas*: creo muy acertada esta expresion.

Helix *Poeyi* Pfr. Mon. Helic V. p. 329.

Habita.—En los paredones y arbustos de la jurisdiccion de *Trinidad* (Gundl.).

H. Bonplandi Lam.

Helix *Bonplandi* Lam. 26. p. 72. ed. Desh. p. 40.
» » Orb. in Sagra, p. 77. t. 7. f. 10–12.
» » Pfr. Mon. Helic. V. p. 314.

Habita.—En los árboles y en las cercas en *San Antonio!*, *Consolacion del Sud!*, *Matanzas!*, *Guane!*, *Guanabacoa!*, *San Nicolás!*, *Canasí!* y casi todo el departamento Occidental.

H. supertexta, Pfr.

Helix supertexta Pfr. in Zeitschr. f. mal. 1845, p. 153.
» » Chenm. ed. II. p. 337. t. 60. f. 7–8.
» » Pfr. Mon. Helic. V. p, 334.

Habita en los árboles de *Zarabanda* en la Ciénaga de Zapata (Gundl.)

H. arctistria Pfr.

Helix arctistria Pfr. in Mal. Bl. XII. 1865. p. 118; Novit, conch. p. 276. t. 67. f. 9, 10.

Habita.—En la *Ensenada de Cochinos* (Gundl.).

H. maculifera Gutz.

Helix *maculifera* Gutz. mss. Poey Mem. II. p. 28. t. 2. f. 1–5.
» » Pfr. Mon. Helic. V. p. 348.

Habita.—*Santa Cruz*, al S. de Puerto Príncipe (Gutz.).

H. lucipeta Poey.

Helix picturata Poey Mem. I. p. 209, 212, tab. 26. f. 1–5,
» *lepida* Poey Mem. I. p. 209, 212, tab. 26. f. 6–10.
» *lucipeta* Poey Mem. I. p. 447: II. p. 51.
» *bellula* Poey Mem. II. p. 7.
» *penicillata* Poey Mem. II. p. 27. t. I. f. 6–10. Nec Gould.
» *Newcombiana* Poey Mem. II. p: 28.
» *Velasqueziana* Poey Mem. II. p, 28. t. I. f. 1–5.
» *lucipeta* Pfr. Mon. Helic. V. p. 348.

Habita.—En las plantas de *Trinidad*, *Manzanillo*, *Guantánamo* y *Bayamo* (Gundl.).

H. fuscolabiata Poey.

Helix subfusca Poey Mem, I. p. 210, 213, t. 26. f. 11–15.
» *fuscolabiata* Poey Mem. II. p. 29.
Helix fuscolabiata Pfr. Mon. Helic. V. p. 348.

Habita.—En las plantas de *Manzanillo*, *Santiago de Cuba*, *Bayamo* y *Guantánamo* (Gundl.), y de *Holguin*[Clerch.]

H. comta Gundl.

Helix comta Gundl. Mal. Bl, IV. 1857. p. 172.
» » Pfr. Mon. Helic. V. 348.

Habita.—En los *Cactus* de *Cabo Cruz* (Gundl.).

H. cesticulus Gundl.

Helix cesticulus Gundl. mss. Pfr, in Mal. Bl. V. 1858. p. 179.
» *variegata* Fér Hist. t. 29. A. f. 8–13?
» *cesticulus* Pfr. Mon. Helic. V, p. 348.

Habita.—En las plantas de *Santiago de Cuba* y sus cercanias, y de *Guantánamo* (Gundl.) y en las de *Auras*, en Holguin (Clerch.).

H. tephritis Mor.

Helix tephritis Mor. Test. noviss. I. p. 8.
» » Pfr. Mon. Helic. IV. p. 266.

Difiere de la **Helix gilva Fér.**, por el sistema de coloracion, ser mas sólida, de menor tamaño, mas orbicular y finalmente acostillada por ambos lados.

Habita.—En los árboles de la *Vigía* de Trinidad (Gundl.).

H. gilva Fér.

Helix gilvus (Helicogena) Fér pr. 36 Hist. t. 21 B. f. 1.
» *gilva* Orb. in Sagra p. 82. t. 8, f. 9–15.
» *corrugata* Pfr. Symb. I. p. 41.
» *pallida* Rang.
» *gilva* Pfr. Mon. Helic. V. p. 348.

Difiere de sus congéneres por tener el ombligo muy abierto, las estrías bien marcadas y la forma mas deprimida.

Véase la nota de la especie anterior.

Habita.—En las plantas de *Trinidad* (Gundl.).

H. rufoapicata Pocy.

Helix rufoapicata Pocy Mem. II. p. 29. 52.
» » Pfr. Mon. Helic. V. p. 348.
Habita.—En las plantas de la costa de *Jibara!*

H. amplecta Gundl.

Helix amplecta Gundl. mss. Pfr. in Mal. Bl. VII. 1860. p. 17.
» » Pfr. Mon. Helic. V. p. 349.
Habita.—En las plantas de *Nuevitas* (Gundl.) y en las de la *Punta de Maisí!* especialmente sobre el *Melocactus communis* D. C.

H. deflexa Pfr.

Helix deflexa Pfr. in Zeitschr. f. mal, 1845, p. 153; Mon. Helic. V. p. 353.
Habita.—En los cactos y curujeyes de *Imias!*, *Tacre!*, *Jojó!*, *Cajobabo!* y *San Antonio* (Wright.), haciendas de la costa de Baracoa.

H. multistriata Desh.

Helix circumtexta (Helicogena) Fér. Hist. t. 27. A. f. 4. 5.
» *multistriata* Desh. in Encycl. méth. II. p. 218.
» *bicincta* Mke. Synops. ed. 2ª p. 127.
» *vexica* Lea. Observ. I. p. 168. t. 19. f. 67.
» *adjuncta* Ziegl.
» *multistriata* Pfr. Mon. Helic. V. p. 354.
Habita.—Entre la hojarasca y piedras de *Guane!*. *San Antonio de los Baños!*, *Cabañas,!* *Canasí!*, *Casa Blanca!*, *Almendares!*.

H. Pityonesica Pfr.

Helix Pityonesica Pfr. in Mal. Bl. I. 1854. p. 156; Mon.
Habita.—Como la anterior en *Isla de Pinos* (Gundl.).

H. parallela Pocy.

Helix *parallela* Pocy Mem. II. p. 88.
Helix parallela Pfr. Novit. Conch. p. 236. t. 61. f. 4. 6; Mon. Helic. V. p. 354.
Especie muy próxima á la *Helix Parraiana Orb.*, de la cual apénas se puede distinguir; probablemente no es mas que una variedad.

Habita.—En las piedras y plantas de *Guane!*.

H. raripila Mor.

Helix raripila Mor. Test. noviss. II. p. 8.
« » Pfr. Mon. Helic. V. p. 380.

Habita.—Entre la hojarasca y piedras del *Pan de Guajaibon!*, *Rancho Lucas* y *Sierra de Güira* (Gundl.).

H. suavis Gundl.

Helix suavis Gundl. in Mal. Bl. IV. 1857. p. 105.
» » Pfr. Mon. Helic. IV. p. 295.

Habita.—Como la anterior en la jurisdiccion de *Trinidad* (G).

H. paludosa Pfr.

Helix paludosa Pfr. in Wiegm. Arch. 1839. I. p. 350.
» *lingulata* (Fér.) Desh. in Fér. hist. p. 6. t. 69. D. f. 1.
» *Ramonis* Orb. in Sagra p. 74. lám. 8. f. 1–4.
» *Bardenflecthi* Villa.
» *insularum* Beck.
» *paludosa* Pfr. Mon. Helic. V. p. 418.

Habita.—Debajo de las piedras en la *Habana!*, *Matanzas!*, *Jaruco!*, *Guane!*, *Cárdenas!*, *Cauto* [Gundl.], estando muy esparcida por la Isla.

H. notata Poey.

Helix *Johannis* Poey, Mem. II. p. 36. t, 4. f. 15–17.
» *notata* Poey Mem. II. p. 434.
» » Pfr. Mon. Helic. V. p. 421.

Habita.—Como la anterior en *Guane!*, *Sumidero!*, y *Luis Lazò* [Wright.].

Gen. Bulimus.

B. Pocyanus Pfr.

Bulimus Pocyanus Pfr. in Mal. Bl. I. 1851. p. 157. t. 1. f. 1–3.
Achatina [*Glandina?*] *Pazensis* Perez Arcas in Journ. conch. VI. p. 282. t. 10. f. 8. 9.
Bulimus Pocyanus Pfr. Mon. Helic. V. p. 97.

Habita.—En las *Sierras de Isla de Pinos.* [Gundl.]

B. Marielinus Poey.

Bulimus Marielinus Poey Mem. I. p. 204. 212. 447. t. 12. f. 32. 33.
» » Pfr. Mon. Helic. V. p. 108.

Habita.—En las plantas del *Mariel* [Poey], *Manzanillo*, *Trinidad*, ingenio «*La Fermina*» en Bemba [Gundl.] y en *Cayo Carenas* junto á Cienfuegos [Cisneros.].

Tambien se halla en la *Florida*.

B. sepulcraris Poey.

Bulimus sepulcralis Poey Mem. I. p. 204. 211. 417. t. 12. f. 27-29.
» *urinarius* Poey olim.
» *sepulcralis* Pfr. Mon. Helic. V. p. 152.

Habita.—En las cercanías de la *Habana*!.

Gen. Macroceramus.

M. Pazi Gundl.

Macroceramus Pazi Gundl. in Mal. Bl. V. 1858. p. 43. 182.
» » Pfr, Novit.. conch. p. 381. t. 89. f. 1-5.; Mon. Helic. V. p. 345.

Habita.—En las plantas del *Ramon* y *Aguadores* en Santiago de Cuba, y de *Guisa* en Bayamo]Gundl.].

M. Clerchi Arango.

Macroceramus Clerchi Arango mss. Pfr. in Mal. Bl. XIII. 1866. p. 61.
» » Pfr. Novit. conch. p. 382. t. 89. f. 6-8; Mon. Helic. V. p. 346.

Habita.—En las plantas de la boca de *Tacre*!, *Cajobabo*!, *Ymias*!, *Jauco*! y *Jojó*!.

M. notatus Gundl.

Macroceramus notatus Gundl. mss. Pfr. in Mal. Bl. 1859. p. 92.
» » Pfr. Mon. Helic. p. 346.

Habita.—En los árboles y arbustos de *Yateras* y *Monte Líbano* en Guantánamo [Gundl.].

M. unicarinatus Lam.

Pupa unicarinata Lam. 10. p. 107., ed. Desch. p. 173.
Bulimus Canimarensis Pfr. in Viegm. Arch. I. 1839. p. 351.
» » Phil. Icon. I. 3. p. 57.t. 1. f. 11.
» *unicarinatus*. Rve. nº 468. t. 66.
» » Pfr. Mon. Helic. V. p. 346.

Habita.—En las plantas de *Canímar*, *Trinidad y Yateras*. (Gundl.) y de *Palma Sola* (Poey.)

Tambien se halla en Guadalupe.

M. catenatus Gundl.

Macroceramus catenatus Gundl. mss. Pfr. in Mal. Bl. VI. p. 92.
» » Pfr. Novit. conch. p. 401. t. 93. f. 5. 6; Mon. Helic. V. p. 346.

Habita.—En las plantas de *Monte Toro*, *Monte Líbano* y *Yateras* en Guantánamo [Gundl.].

M. Grobei Pfr.

Macroceramus Grobei. Pfr. in Mal. Bl. 1862, p. 131.; Novit. conch. p. 402. t. 93, f. 7. 8.; Mon. Helic. V. p. 347.

Habita.—En *Picote* en la jurisdiccion de S. de Cuba (Wright.)

M. parallelus Arango.

Macroceramus parallelus Arango mss. Pfr. in Mal. Bl. XIII. 1866. p. 59.
» » Pfr. Novit. conch. p. 402. t. 93. f. 9. 10: Mon. Helic. V. p. 347.

Habita.— En las plantas espinosas de la *Punta de Maisí*.!

M. pupoides Pfr.

Macroceramus pupoides Pfr. in Mal. Bl. XI. 1863. p. 15.; Mon. Helic. V. p. 347.
Macroceremus Poeyi Pfr. in Mal. Bl. XI. 1864. p. 126; Novit. conch. p. 403. t. 93. f. 11 —15.; Mon. Helic. V. p. 347.

Habita.—En las plantas de las haciendas *San Antonio* (Wright), ó *Imias*! en Baracoa.

M. Gundlachi Pfr.

Bulimus Gundlachi Pfr. in Zeitschr. f. mal. 1852. p. 174. t. 1. f. 29—33.

Macroceramus Gundlachi Pfr. Mon. Helic. V. p. 348.

Habita.—En las plantas de la punta de *San Juan de los Perros!*, en la de los *cayos de Cárdenas* y de *Guisa* en Bayamo (Gundl.) y en *Holguin* (Clerch.)

Tambien se encuentra en Haití.

M. pictus Gundl.

Macroceramus pictus Gundl. mss. Pfr. in Mal. Bl. V. 1858. p. 93.; Mon. Helic. V. p. 348.

Habita.—En los arbustos de *Yateras* de Guantánamo (Gundl.) y de *Jibara*!

M. Jeanncreti Gundl.

Megalomastoma pupinum Gundl. mss. Poey Mem. II. p, 10. 89.

Macroceramus Jeannereti Gundl. in Mal. Bl. V. 1858. p. 182.

» » Pfr. Novit. conch. p. 405. t. 93. f. 22—23; Mon. Helic. V. p. 348.

Habita.—En las plantas de las cercanías de *Santiago de Cuba* (Gundl.)

M. latus Gundl.

Macroceramus latus Gundl mss. Pfr. in Mal. Bl. XI. 1863. p. 17.

» » Pfr. Novit. conch. p. 383. t. 89. f. 9—11; Mon. Helic. V. p. 348.

Habita.—En los paredones del *Pan de Guajaibon* (Gundl.) y de *Isabel María* (Wright.)

M. Palenquensis Gundl.

Macroceramus Palenquensis Gundl. mss. Pfr. in Mal. Bl. XI. 1863. p. 18.

» » Pfr. Novit. conch. p. 404. t. 93. f. 16-18; Mon Helic. V. p. 349.

Habita.—En los paredones del *Palenque de Matanzas* (Gundl.)

M. infradenticulatus Wright.

Macroceramus infradenticulatus Wright mss. Pfr. in Mal. Bl. XI. 1864. p. 127.

» » Pfr. Novit. conch. p. 405. t. 93. f. 24–26; Mon. Helic. V. p, 349.

Habita.—En los *Cayos de San Felipe*, hacienda de la jurisdiccion de Pinar del Rio (Wright.)

M. maculatus Wright.

Macroceramus maculatus Wright mss. in Mal. Bl. XII. 1865. p. 119.

» » Pfr. Novit. conch. p. 404. t. 93. f. 19–21; Mon. Helic. V. p. 349.

Habita.—En los paredones del *Pan de Guajaibon* (Gundl.) y del ingenio *Quiñones* en la jurisdiccion de Bahía Honda.

M. elegans Gundl.

Macroceramus elegans Gundl. mss. Pfr. in Mal. Bl. XI. 1863, p. 18.

» » Pfr. Novit. conch. p. 406. t. 93. f. 27 29; Mon. Helic. V. p. 350.

Habita.—En los paredones del *Pan de Guajaibon* (Gundl.) y en los del *Pan de Azúcar!* en Pinar del Rio.

M. Gossei Pfr.

Bulimus Gossei Pfr. in Proc. Zool. Soc. London. 1845. p. 137.

» » Rve. nº 462. t. 66.

Cylindrella Hydeana Ad. Contrib. to conch. p. 23.

» *concisa* Mor. Test. noviss. p. 12.

Macroceramus Gossei Pfr. Mon. Helic. V. p. 350.

Habita.—En las plantas de *Guisa* y *San Andres* en Bayamo, de *Cusimba* en Cabo Cruz y de la *Punta de San Juan de los Perros* (Gundl.) y en las de *Nuevitas*.

Tambien se halla en *Bahamas*, *Guadalupe*, *Jamaica*, *Yucatan*, la *Florida*, *Texas* y en *Islas Turcas*.

M. turricula Pfr.

Bulimus turricula Pfr. in Wiegm. Arch. 1839. p. 351.

Pupa Petitiana Orb. in Sagra p. 95. t. 12. f. 6—8.

Macroceramus turricula Pfr. Mon. Helic. V. p. 350.

Habita.—En los paredones y piedras de *Matanzas!* *Managua* (Poey), *Trinidad* y *Cabo Cruz* (Gundl.) y *Jaruco!*

M. simplex Pfr.

Macroceramus simplex Pfr. in Mal. Bl. XI. 1863. p. 19.; Novit. conch. p. 407. t. 93. f. 30—32; Mon. Helic. V. p. 350.

Habita.—En la boca del *Yateras* (Gundl.)

M. denticulatus Gundl.

Macroceramus denticulatus Gundl. mss. Pfr. in Mal. Bl. VI. 1863. p. 17—127; Mon Helic. V. p. 351.

Habita.—En *Punta de la Jaula* en Guane (Wright.)

M. angulosus Gundl.

Macroceramus angulosus Gundl. mss. Pfr. in Mal. Bl. IV. 1857. p. 107.

» » Pfr. Mon. Helic. V. p. 351.

Habita en las piedras de *Magua* y *Sitio Quemado* en Trinidad (Gundl.)

M. inermis Gundl.

Macroceramus *inermis* Gundl. in Mal. Bl. V. 1858. p. 183.

» » Pfr. Novit. conch. p. 407. t. 93. t. 33—35; Mon. Helic. V. p. 351.

Habita.—En las plantas de *Aguadores* y *Lagunas* en Santiago de Cuba y en la *Caimanera* de Guantánamo (Gundl.)

M. amplus Gundl.

Macroceramus *amplus* Gundl. in. Mal. Bl. V. 1858. p. 41.

» » Pfr. Novit. conch. p. 383. t. 89. f. 12—14; Mon. Helic. V. p. 351.

Esta especie parece marcar el tránsito de los *Macroceramus* á las *Cylindrella*, pues presenta como éstas la columela interna circuida de una lámina.

Habita.—En las piedras de *Guisa* y *San Andres* en Bayamo (Gundl.)

M. minor Arango.

Macroceramus minor Arango mss. Pfr. in Mal. Bl. XIII. 1866. p. 60.
» » Pfr. Novit conch. p. 408. t. 93. f. 36—38; Mon. Helic. V. p. 351.

Habita.—Debajo de las piedras en la costa de *Sagua de Tánamo.!*

M. claudens Gundl.

Macroceramus claudens Gundl. mss. Pfr. in Mal. Bl. VI. 1859. p. 93.
Macroceramus claudens Pfr. Novit. conch. p. 388. t. 89. f. 34—39; Mon. Helic. V. p. 352.

Habita en las plantas del *Ocujal, Yateras* y *Caimanera* en Guantánamo (Gundl.)

M. festus Gundl.

Macroceramus festus Gundl. mss. Pfr. in Mal. Bl. 1859. p. 94.
» » Pfr. Novit. conch. p. 386. t. 89. f. 25-28. Mon. Helic. V. p. 352.

Habita.—En las plantas de los cayos de la playa en la *Caimanera* de Guantánamo [Gundl.]

M. Blaini Arango.

Macroceramus Blaini Arango mss. Pfr. in Mal. Bl. XIII. 1866. p. 60.
» » Pfr. Novit. conch. p. 389. t. 89. f. 40-42; Mon. Helic. V. p. 352.

Habita.—En los arbustos de *Imias.!* en Baracoa.

M. Arangoi Pfr.

Macroceramus Arangoi Pfr. in Mal. Bl. XIII. 1866. p. 60; Novit. conch. p. 387. t. 89. f. 31—33; Mon. Helic. V. p. 353.

Habita.—En las plantas y piedras de *Imias.!* en Baracoa.

M. costulatus Gundl.

Macroceramus costulatus Gundl. mss. Pfr. in Mal. Bl. VI. 1859. p. 94.
» » Pfr. Novit. conch. p. 387. t. 89. f. 29—30; Mon. Helic. V. p. 353.

Habita.—En las plantas de la *Caimanera* de Guantánamo [G.]

M. crenatus Gundl.

Macroceramus crenatus Gundl. mss. Pfr. in Mal. Bl. XI. p. 16. 127.

» » Pfr. Novit. conch. p. 384. t. 89. f. 15—19; Mon. Helic. V. p. 353.

Habita en las plantas de *Santiago de Cuba* [Gundl.] y de *Juragua* [Wright.]

M. variabilis Pfr.

Macroceramus variabilis Pfr. in Mal. Bl. XI. 1863. p. 15; Novit. conch. p. 385. t. 89. f. 20—24; Mon. Helic. V. p. 354.

Habita—En el *Ojucal* y en la *cueva de Malaño* en Guantánamo [Wright.]

M. Paivanus Pfr.

Macroceramus Paivanus Pfr. in Mal. Bl. XIII. 1866. p. 61; Mon. Helic. V. p. 454.

Habita.—En el *Pan de Guajaibon* y en *Luis Lazo* (Wright.)

M. costellaris Gundl.

Macroceramus castellaris Gundl. mss. Pfr. in Mal. Bl. XI. 1863, p. 16.

» » Pfr. Mon. Helic. V. p. 354.

Habita.—En los paredones de *Viñales* (Wright.)

M. nigropictus Gundl.

Macroceramus nigropictus Gundl. mss. Pfr. in Mal. Bl. XI. 1863. p. 17. 127.

» » Pfr. Mon. Helic. V. p. 355.

Habita.—En los paredones de los *Portales de Guane!* y de la *Güira de Luis Lazo* (Wright.)

Gen. Pineria.

P. terebra Pocy.

Pineria terebra Pocy Mem. I. p. 394. 429. t. 34. f. 12—16.

Pineria terebra Pfr. Mon. Helic. V. p. 343.

Habita.—En los paredones de la *Sierra de Casas* en Isla de Pinos (Gundl.)

P. Beathiana Poey.

Pineria Beathiana Poey Mem. I. p. 394. 430. t. 34. f. 17. 18.
» » Pfr. Mon. Helic. V. p. 343.

Habita.—En los paredones de la *Sierra de Caballos* en Isla de Pinos [Gundl.]

Gen. Pupoides.

P. marginatus Say.

Cyclostoma marginata Say, in Phil. Journ. II, p. 172. [1821.]
Pupa fallax Say. in Phil. Journ V. p. 121. [1825.]
Bulimus nitidulus Pfr. in Viegm. Arch. I. 1839. p. 352.
Pupa placida Say, Descr. of. new. terr. and. fluv. Shells. of. N. A. p. 24 [1840.]
» *Parraiana* Orb. in Sagra p. 96. lám. 12. f. 9–11. [1841]
Bulimus exiguus Rve. Conch. ic. nº 654. t. 88. [1842].
Pupa albilabris Ad. Verm. Moll. p. 8.
» *albolabris* Ward: doc. Say.
» *simplex* Binn: doc. Say.
Bulimus nitidulus Pfr. Mon. Helic. V. p. 59.
» *marginatus* Pfr. Mon. Helic. V. 59.

Habita.—Debajo de las piedras en la *Habana!*, *Cabañas!*, *Cogimar!*. *Puentes Grandes!*, *Jaruco!*, *Casa Blanca!*, y otras localidades del departamento Occidental.

Tambien se encuentra eu *Bahamas*, *Bermudas*, *Haiti*, *Jamaica*, *Portorico* y *Santa Cruz*. En el continente americano en *Massachussetts*.

Gen. Melaniella.

M. acuticostata Orb.

Bulimus acuticostatus Orb. in Sagra p. 93. lám. 11. f. 15–18.
» » Pfr. Mon. Helic. V. p. 103.

Habita.—En los paredones de *Rangel!*, *Sumidero!*, *Cayos de San Felipe!* [Vright.] y gran parte de la cordillera de los Organos, en *Jaruco!*, y en *Camoa* [Cisneros].

M. Pichardi Arango.

Bulimus [*Melaniella*] *Pichardi* Arango in. Journ. Conch. X. 1862. p. 409.

Bulimus Pichardi Pfr. Mon. Helic. V. p. 103.

Habita.—En los paredones de la *Sierra de Guane!*.

M. tuberculata Gundl.

Melaniella tuberculata Gundl. Poey Mem. II. p. 7. t. 7.f. 10. 11.

Bulimus tuberculatus Pfr. Mon. Helic. V. p. 104.

Habita.—En los árboles de *Buenavista* en Bayamo y de la *Loma del Gato* en Santiago de Cuba [Gundl.].

M. multicosta Gundl.

Bulimus multicosta [*Melaniella*] Gundl. mss. Pfr. in Mal. Bl. XIII. 1866. p. 58.

» » Pfr. Mon. Helic. V. p. 104.

Habita.—En los árboles y piedras cubiertas de musgos del *Yunque de Baracoa!*

M. scalarina Gundl.

Bulimus scalarinus [*Melaniella*] Gundl. mss. Pfr. Mal.Bl. XIII. 1866. p. 59.

Habita. - Como la anterior en el *Yunque de Baracoa!*, y en *Monte Toro* (Gundll.).

M. Manzanillensis Gundl.

Bulimus Manzanillensis Gundl. in Mal. Bl. IV. 1857. p. 172.

» » Pfr. Mon. Helic. V. p. 105.

Habita.—En los árboles y piedras cubiertos de musgos de *Cabo Cruz*, *Trinidad* y *Manzanillo* [Gundl.] y en los de *Sagua de Tánamo!*.

M. gracillima Pfr.

Achatina gracillima Pfr. in Viegm. Arch. 1839. p. 352.

Bulimus striaticostatus Orb. in Sagra p. 93. lám. 11. f. 19-21.

» *gracillimus* Pfr. Mon. Helic. V. p. 105.

Habita.—En los palos y piedras cubiertas de musgos en *Matanzas*!, *Managua*! [Poey] y otras localidades del departamento Occidental.

Tambien se halla en la *Florida* y en *St. Thomas*.

Gen. Balea.

B. Canteroiana. Gundl.

Balea? Canteroiana Gundl. in Mal. Bl. IV. 1857. p. 107.
» » Pfr. Mon. Helic. V. p. 394.

Habita.—En las piedras de la *Vigía* y *Sitio Quemado* en Trinidad (Gundl.).

Gen. Pseudo-balea.

P. Dominicensis Pfr.

Balea Dominicensis Pfr. in Proc. Zool. Soc. London. 1851. p. 148.
Bulimus hasta Pfr. in Mal. Bl. III. 1856. p. 45.
Pseudo-balea lata Gundl. in Pfr. Mal. Bl. V. 1858. p. 148.
Bulimus hasta Pfr. Mon. Helic. V. p. 92.

Habita.—En las piedras y palos podridos en varias localidades de *Baracoa!*, *Guantánamo* y *Bayamo* (Gundl.) y *Mayarí* (Wright.).

Tambien se halla en la isla de *Santo Domingo* y *Portorico*.

Gen. Stenogyra.

S. terebraster Lam.

Bulimus terebraster Lam. Hist. VI. 124. nº 28. Ed. Desh. VIII. p. 234.
» *sylvaticus* P. et. Mich?; doc. Pfr.
» *terebraster* Pfr. Mon Helic. V. p. 91.

Habita.—Debajo de las piedras y hojarasca de *Guantánamo*, *Bayamo* y *Santiago de Cuba* (Gundl.) y de *Baracoa!*.

S. bacillus Pfr.

Bulimus bacillus Pfr. in Mal. Bl. VIII. 1861 p. 221; Mon. Helic. V. p. 92.

Dice el Dr. Pfeiffer.—«*Differt a* **B. terebrastro et homalogyro**, *columellae structura similibus, anfractibus multo angustioribus regulariter decendentibus.*»

Habita.—Debajo de las piedras en *Guantánamo* (Gundl.) y de *Baracoa?!*

S. homalogyra Shuttl.

Bulimus homalogyrus Shuttl. mss.
» » Chemn. ed. II. p. 91. t. 31. f. 9. 10.
» » Pfr. Mon. Helic. IV. p. 453.

Habita.—Debajo de las piedras en *Trinidad* (Gundl.) y en *Matanzas!*.

S. angustata Gundl.

Stenogyra angustata Gundl. in Poey Mem. II. p. 15. t. 2. f. 6. 7.

Bulimus angustatus Pf. Mon. Helic V. p. 93.

Habita.—Debajo de las piedras en *Rangel!* y en *Hato Caimito*. (Gundl.).

S. gigas Poey.

Stenogyra gigas Poey Mem. I. p. 395.
» *maxima* Poey Mem. I. p. 422. t. 31. f. 9–11.

Bulimus gigas Pfr. Mon. Helic. V. p. 94.

Habita.—En las piedras y hojarasca de la jurisdiccion de *Guantánamo* y de *Santiago de Cuba* (Gundl.), de *Mayarí* (Wright.) y de *Sagua de Tánamo!*.

S. Gundlachi Arango. n. sp.

Stenogyra Gundlachi Arango mss. Pfr. in Mal. Bl. X. 1863. p. 246.

Bulimus Gundlachi Pfr. Mon. Helic. V. p. 95.

Habita.—Debajo de las piedras en *Sumidero!*, *Pan de Azúcar!* y de *Viñales* (Wright.).

S. microstoma Gundl.

Stenogyra microstoma Gundl. mss. Pfr. Mal. Bl. X. 1863. p. 216.

Bulimus microstomus Pfr. Mon. Helic. V. p. 96.

Habita—Hallada en el ingenio *Esperanza* en Pinar del Rio (Wright.).

S. subula Pfr.

Achatina subula Pfr. in Viegm. Arch. I. 1839, p. 352.

Bulimus octonoides Orb. in Sagra p. 94. lám. 11. f. 23. 24.

» *procerus* Ad. in Bost. Proc. 1845. p. 13.

» *hortensis* Ad. Contr. to conch. p. 168.

» *subula* Pfr. Mon. Helic. V. p. 97.

Habita.—Debajo de las piedras en la *Habana!*, *Trinidad*, *Bayamo*, y en casi toda la Isla.

Tambien se halla en las islas *Antigua*, *Barbados*, *Jamaica*, *Portorico*, *San Juan* y *St. Thomas* y en el continente en *México*.

S. stricta Poey.

Bulimus strictus Poey Mem. I. p. 205. 212. 447. t. 26. f. 16–18.

» » Pfr. Mon. Helic. V. p. 98.

Habita.—Debajo de las piedras en *Manzanillo*, *Bayamo* y *Cabo Cruz* (Gundl.) y en *Isla de Pinos* (Gundl.).

S. Gutierrezi Arango. n. sp.

«*Testa imperforata, elongato-subulata, subtilissima striata, pallide cornea, nitens, spira regulariter attenuata, apice obtusiuscula: anfr.* 8–9 *planiusculi, ultimus* ¼ *longitudinis subaequans; apertura ovali-oblonga, peritrema simplex, rectum, marginibus subparallelis, basali cum columellari* [*recto*] *arcum indistinctum formante. Long.* 10, *diam.* 3 *mill.*, *apertura* 3 *mill. longa*, 2 *lata.—Animal flavum.*

Similis **strictae** *sed distincta forma angustiore, multo minore, sulptura laeviori, apertura alia* (G.).

Habita.—Hallada en un patio de la *Habana!*.

S. lucida Poey.

Achatina lucida Poey Mem. I. p. 207. 212. 447. lám; 12. f. 30. 31; II. p. 57.

Bulimus lucidus Pfr. Mon. Helic. V. p. 98.

Habita.—Debajo de las piedras en lugares húmedos en la *Habana!* y *Santiago de Cuba* (Gundl.).

S. octonoides Adams.

Bulimus octonoides Ad. in Bost. Proc. 1845. p. 12.
» *contractus* Poey Mem. I. p. 205. 212. 447. lám. 26. f. 19–21.
» *octonoides* Pfr. Mon. Helic. V. p. 99.

Habita.—Debajo de las piedras en la *Habana!*, *Casa Blanca!*, *Santiago de Cuba* y *Trinidad* (Gundl.) y en casi toda la Isla.

Tambien se halla en *Barbados*, *Jamaica*, *Portorico*, *San Juan*, *St. Thomas* y *Vieque*.

S. Goodalli Mill.

Helix Goodalli Mill. in Ann. of. Phil. VII. 1822. p. 381.
Stenogyra ascendens Poey, Mem. I. p. 422,
Bulimus assurgens (Opeas) Pfr. Verz. p. 156.; Mon. Helic. V. p. 98.
» *laevigatus* Ad.?
» *Goodalli* Pfr. Mon. Helic. V. p. 100.

Habita.—Debajo de las piedras en la *Habana!*, *Matanzas!*, *Trinidad* y *Santiago de Cuba* (Gundl.) y en casi toda la Isla.

Tambien se halla en las islas de *Jamaica*, *Barbados*, *Portorico*, y *Santa Cruz* y en *Inglaterras*.

S. gonostoma Gundl.

Stenogyra gonostoma Gundl. mss. Pfr. in Mal. Bl. X. 1863. p. 247.
Bulimus gonostomus Pfr. Mon. Helic. V. p. 101.

Habita.—Debajo de las piedra en *Lagunillas de Consolacion* (Wright.)

Gen. Spiraxis.

Sp. melanielloides Gundl.

Spiraxis melanielloides Gundl. mss. Pfr. in Mal Bl. V. 1858. p. 184.

Spiraxis melanielloides Pfr. Mon. Helic. V. p. 192.

Habita.—En los palos podridos cubiertos de musgo de *Brazo de Cauto* en Santiago de Cuba (Gundl.).

Sp. paupercula Adams.

Bulimus pauperculus Ad. Contr. to. conch. p. 27.

» *pumilus* Pfr. olim.

Stenogyra pumila Arango in Poey Rep. I. p. 124.

Habita.—Hallada entre la corteza de la palma Yuraguano *Thrinax Miraguano* (Mart.) en la costa de *Sagua de Tánamo!*. Tambien se halla en *Jamaica.*

Sp. Moreletiana Pfr.

Spiraxis *Moreletiana* Pfr. in Mal. Bl. XIII. 1866. p. 140;
Novit. conch. p. 350. t. 82. f. 10–12;
Mon. Helic. V. p. 195.

Habita.—*Banao* en jurisdiccion de Trinidad (Gundl.).

Gen. Achatina.

A. fasciata Müll.

Buccinum fasciatum Müll. Verm. II. p. 145.
Bulla fasciata Chemn. IX. P. 2. p. 13. t. 117. f. 1004–6.
Bulimus vexillum Brug. in Encycl. méth. I. p. 362.
Achatina lineata Val. in Humb. Zool. II. p. 248. t. 55. f. 2.
» *pallida* Swain. Zool. Ill. III. tab. 42.
» *crenata* Swain Zool. Ill. III. tab. 58.
» *solida* Say. in Phil. Journ. V. p. 122.
» *lutea* (Ant.) Mus. Berol. Ant. Verz. p. 44.
» *Anais.* Lesson, Revue Zool. 1840. p. 356.
» *picta.* Rve.: doc. Pfr,
» *murrea* Rev.: doc. Pfr.
» *hepatica* Bolt,: doc. Pfr.
» *testa ovis* Bolt.: doc. Pfr.
» *Blainiana* Poey Mem. I. p. 206. t. 12. f. 4–6.
» *fasciata* Pfr. Mon. Helic. V. p. 221.
» *picta* Pfr. Mon. Helic. V. p. 221.

Achatina Blainiana Pfr, Mon. Helic. V. p. 221.

Habita.—En los árboles y arbustos de toda la Isla!. La variedad *Blainiana Pocy* en la cordillera de los *Organos* por la parte de la *Sierra de Rangel!*.

A. Pocyana Pfr.

Achatina Pocyana Pfr. in Mal. Bl. IV. 1857. p. 73. t. 1. f. 3. 4.; Mon. Helic. V. p. 221.

Habita.—En *Cabo Cruz*, en donde el Dr. Gundlach recogió muchos individuos muertos que suponia los hubiesen llevado los *Pagurus*: posteriormente el Sr. Cisneros recibió ejemplares vivos que fueron adquiridos mediante los buenos oficios del Sr. D. Antonio Jaudenes, distinguido Ingeniero ó Inspector de faros de la Isla.

Gen. Oleacina.

O. Trinitaria Gundl.

Achatina Trinitaria Gundl. Pocy Mem., II. p. 36. t. 2. f. 11.; t. 8. f. 27.

Oleacina Trinitaria Pfr. Novit. conch. p. 320. t. 77. f. 12–15; Mon. Helic. V. p. 268.

Habita.—En las piedras y hojarasca de *Trinidad Yateras* en Guantánamo [Gundl.] y en *Sagua* de *Tánamo!*, y el *Yunque de Baracoa!*.

O. Gundlachi Pfr.

Oleacina Gundlachi Pfr. in Mal. Bl. XIII. 1866. p. 138; Novit. conch. p. 319. t. 77. f. 10–11.; Mon. Helic. V. p. 269.

Habita.—Como la anterior en *Letran* y en *Sitio Quemado* de Trinidad [Gundl.].

O. cyanozoaria Gundl.

Glandina cyanozoaria Gundl. mss.

Oleacina cyanozoaria Pfr. in Mal. Bl. IV. 1857. p. 108; Novit. conch. p. 317. t. 77. f. 1. 2.; Mon. Helic. V. 271.

Sumamente parecida á la especie siguiente; si el animal despues de estudiado no nos da otra diferencia mas que la del color, será entónces necesario reunirlos: miéntras tanto respeto la opinion de mi sapiente amigo.

Habita.—En las piedras de *San Juan de Letran* y *Sitio Quemado* en Trinidad [Gundl,].

O. oleacea Fér.

Helix oleacea [*Cochlicopa*] Fér. pr. 360.

Achatina oleacea Desh. in Encycl. méth. II. p. 11.

» *fulgens* Mus. Berol.: doc. Pfr.

» *semistriata* Desh.: doc. Pfr.

» *straminea* Desh. in Fér. Hist. II. p. 172. t. 123. f. 11-12.

Oleacina oleacea Pfr. Mon. Helic. V. 271.

Véase la nota de la especie anterior.

Habita.—Debajo de las piedras y en la hojarasca de lugares húmedos en *Jaruco!*, *Pan de Azúcar!*, *Sumidero!*, *Matanzas!*, *Almendares!*, *Canasí!*, *Guane!*, *Rangel!*, en toda la jurisdiccion de *Baracoa!*. de *Buenavista* en Bayamo [Gundl.]: como se vé está esparcida en toda la Isla.

Tambien se halla en *Haití* y en *Bahamas*.

O. translucida Gundl.

Oleacina translucida Gundl. mss. Pfr: in Mal. Bl. VII. 1860. p. 18. in adnot.

» » Pfr. Novit. conch. p. 319. t. 77. f. 5-9.; Mon. Helic. V. p. 272.

Habita.—En las piedras de *Yateras* y de *Manzanillo* [Gundl.].

O. Lindoni Pfr.

Achatina Lindoni [*Glandina*] Pfr. in Proc. Zool. Soc. London 1846. p. 116.

Glandina onychina Mor.: doc. Poey.

Oleacina Lindeni Pfr. Mon. Helic. V. p. 272.

Habita.—Entre las piedras y hojarasca de la *Caimanera* de Guantánamo [Gundl.] y del ingenio « *El Coco*» en Sagua de Tánamo!.

O. orysacea Rang.

Helix orysacea Rang.
Achatina orysacea Rang. Orb. in Sagra p. 88.
Glandina regularis Gundl. in Pfr. Mal. Bl. IV. 1857. p. 109.
Oleacina orysacea Pfr. Mon. Helic, V. p. 272.
Habita.—Como la anterior en *Trinidad* [Gundl.]

O. solidula Pfr.

Polyphemus solidulus Pfr. in Viegm. Arch. 1840. p. 252.
Glandina folliculus Gould., in Bost. Journ. IV. p. 489.
» *paragramma* Mor. Test. noviss. I. p. 15.
Oleacina solidula Pfr. Mon. Helic. V, p. 273.
Habita.—Como la anterior en toda la Isla!
Tambien se halla en *Bahamas*.

O. incerta Rve.

Achatina incerta Rve. Conch. ic. sp. 90. t. 18.
» » Pfr. Mon. Helic. V. p. 273.
«*Differt ab omnibus* **O. solidulae** *varietatibus anfractu último basi ventrosiori, spira breviore columella fere verticali*» [Pfr.].
Habita.—Debajo de las piedras en *Mayarí* [Gundl.] y en *Jibara.!*

O. saturata Gundl.

Glandina saturata Gundl. in Mal. Bl. IV. 1857. p. 174.
Oleacina saturata Pfr. Mon. Helic. V. p. 274.
Habita.—Como la anterior en los *Colorados de Cabo Cruz* [Gundl.].

O. subulata Pfr.

Polyphemus subulatus Pfr. in Viegm. Arch. 1839. p. 352.
Oleacina subulata Pfr. Mon. Helic. V. p. 274.
Habita.—Debajo de las piedras y en la hojarasca de toda la Isla!.

O. Pocyana Pfr.

Oleacina Pocyana Pfr. in Mal. Bl. XIII. p. 139; Novit. conch. p. 322. t. 77. f. 20-21.; Mon. Helic. V. p. 274.
Habita.—Como la anterior en *Rangel!* [Gundl.]

O. Wrighti Pfr.

Oleacina Wrighti Pfr. in Mal Bl. XIII. 1866 p. 139; Mon. Helic. V. p. 275.

Habita.—En la Isla de *Cuba.* (Gundl.) *Viñales? Bayamo.?*

O. teres Pfr.

Oleacina teres Pfr. in Mal. Bl. XIII. 1866. 140; Mon. Helic. V. p. 275.

Habita.—En *Buenavista* en Bayamo (Gundl.)

O. Ottonis Pfr.

Cochlicopa Ottonis Pfr. Symb. I. p. 47.
Glandina semistriata Mor. Test. noviss. I. p. 16.
Oleacina Ottonis Pfr. Mon. Helic. V. p. 276.

Habita.—Debajo de las piedras y hojarascas en *Rangel! Sumidero!*, *Pan de Azúcar!* y gran parte de la cordillera de los Organos.

O. sicilis Mor.

Glandina sicilis Mor. Test. noviss. I. p. 13.
Oleacina sicilis Pfr. Mon Helic. V. 276.
Habita.—En el *Pan de Guajaibon* (Mor.)

O. incisa Pfr.

Oleacina incisa Pfr. in Mal Bl. XIV. 1867. p. 198; Novit. conch. p. 351. t. 82 f. 13–15.; Mon. Helic. V, p. 276.

Habita.—En la parte occidental de *Cuba* (Pfr.)

Gen. Strepto stylo.

S. Cubensis Orb.

Achatina Cubensis Orb. in Sagra p. 87.
» *Cubaniana* Orb. in Sagra t. 10. f. 17–19.
Spiraxis Cubaniana Pfr. Mon. Helic. V. p. 195.

Habita.—Debajo de las piedras y entre la hojarasca en *Rangel!*, *Guane!*, *Pan de Azúcar!*, *Sumidero!*, y en la mayor parte de la cordillera de los Organos.

S. suturalis Pfr.

Polyphemus suturalis Pfr. in Wiegm. Arch. 1839. p, 353.

Spiraxis suturalis Pfr. Mon. Helic. V. p. 196.
Habita.—Como la anterior en *Cárdenas* y *Matanzas* (Gundl.) y en la *Cordillera de los Organos.*

S. episcopalis Mor.
Glandina episcopalis Mor. Test. noviss. I. p. 13.
Spiraxis episcopalis Pfr, Mon. Helic. V. p. 198.
Habita.—Como las anteriores en *Rangel!* y en casi toda la *Cordillera de los Organos.*

Gen. Subulina.

S. elata Gundl.
Subulina elata Gundl. in. Mal. Bl. IV. 1857. p. 173.
Achalina elata Pfr. Mon. Helic. V. p. 231.
Habita.—En las piedras de los *Colorados de Cabo Cruz* (G.)

S. octona Chemn.
Helix octona Chemn IX. P. 2. p. 190. t. 136, f. 1264.
Achatina novenaria Ant. Vers. p. 44.
» *Panamensis* Mlf.
» *octona* Pfr. Mon. Helic V. p. 233.
Hadita.—Debajo de las piedras de toda la Isla!
Tambien en todo el mundo, es la especie más esparcida en el globo.

S. succinea Gundl.
Subulina succinea Gundl. mss. in. Mal. Bl. V. 1858. p. 185.
» *megalogyra* Gundl. Poey Mem. II. p. 8. 438.
Achatina succinea Pfr. Mon. Helic. V. p. 237.
Habita.—Debajo de las piedras de *Brazo de Cauto* en Santiago de Cuba, *Buenavista* en Bayamo, *Monte Toro* y *Monte Líbano* en Guantánamo (Gundl.)

S. subulatoides Orb.
Achatina subulatoides Orb. in Sagra p. 88. lám. 11. f. 1–3.
» *subulatoides* Pfr. Mon. Helic. V. p. 238.
Habita.—En *Cuba* (Orb.)

S. abdita Poey.
Subulina abdita Poey Mem. II. p. 29. t, 2. f. 15–16.

Achatina abdita Pfr. Mon. Helic. V. p. 238.

Habita.—Debajo de las piedras en *Almendares*! y en *Santiago de Cuba* (Gundl.)

S. exilis Pfr.

Achatina exilis Pfr. in Wiegm. Arch. 1839. p. 352.
» *Michaudiana* Orb. in Sagra, p. 90.
» *consobrina* Orb. in Sagra, t. 11. f. 7–9.
» *exilis* Pfr. Mon. Helic. V. p. 239.

Habita.—Debajo de las piedras y hojarasca en *Rangel!*, *Matanzas!*, *Managua* (Poey) y en otras localidades del departamento Occidental.

Gen. Euspiraxis.

E. paludinoides Orb.

Achatina paludinoides Orb. in Sagra p. 90. lám. 11. f. 13–15.
» *pallida* Ad. in Proc. Bost. Soc. 1845. p. 12.
Spiraxis paludinoides Pfr. Mon. Helic. V. p. 191.

Habita.—Debajo de las piedras en lugares muy húmedos y oscuros en la *Habana!*, *Matanzas!* y *Santiago de Cuba* (Gundl.)

Tambien se encuentra en *Jamaica*.

Gen. Caecilianella.

C. Gundlachi Pfr.

Achatina Gundlachi Pfr. in Zeitschr. f. mal. 1850. p. 80; Mon. Helic. V. p. 239.

Habita.—Entre las raices de las plantas en la *Habana!*, *Guanajai!* y *Guantánamo* (Gundl).

Tambien se halla en *Barbados*, *Jamaica* y *St. Thomas*.

C. pygmaea Pfr.

Achatina Michaudiana Orb. in Sagra. t. 11. f. 10–12.
» *pygmaea* Pfr. in Zeitschr. f. mal. 1847. p. 148; Mon. Helic. V. p. 241.

Habita.—En la hojarasca del cafetal *Fundador* cerca de Matanzas (Gundl.)

Gen. Pupa.

Las especies de este género que habitan en la Isla de Cuba, pertenecen todas al subgénero **Strophia Albers:** lo mucho que varían en la forma, escultura y tamaño, las hace muy difíciles de distinguir. Es pues uno de los géneros que necesitan una revision general, estudiando los animales para que nos proporcionen caracteres anatómicos. Miéntras tanto, aceptemos como buenas las siguientes:

P. infanda Shuttl.

Pupa decumana (Fér.) ex Poey, Mem. I. p. 296. nec typus.
» *infanda* Shuttl. mss. Poey Mem. II. p. 29. 60.
» » Arango in Poey Mem. I. p. 128.

Habita.—En las plantas y entre la hojarasca desde *Punta Gorda!* hasta *Punta de Guanos!* en Matanzas.

P. Mumia Brug.

Bulimus mumia Brug. in Encycl. méth. I. p, 384.
Pupa manica Desh. in Encycl. meth. II. p. 401.
» *striata* Schum. Essai p. 320.
» *sulcata* Sowb. Gen. of. shells p. 41. Pupa f. 4.
Helic chrysalis var. Fér. Hist. t. 150. f. 4-6,
Cerion vulgare Bolt. Mus. p. 90. nº 1164.
Pupa Mumiola Pfr. in Wiegm. Arch. I. 1,839. p. 353.
» *sculpta* Poey Mem. II. p. 30. t. 2. f. 22.
» *Mumia* Pfr. Mon. Helic. V. p. 288.
» *Mumiola* Pfr. Mon. Helic. V. p. 288.

Esta especie varía mucho en su forma y en su escultura, lo que ha dado lugar á tantos sinónimos.

Habita.—Sobre las plantas de toda la Isla!

P. iostoma Pfr.

Pupa iostoma (*Strophia*) Pfr. in Mal. Bl. 1851. p. 201; Mon. Helic. V. p. 289.

Habita.—En las plantas de *Cayo Blanco?* en Cárdenas (Gundl.) y en *Cayo Carenas* en Cienfuegos, donde la ha recogido en abundancia el Sr. Cisneros.

P. maritima Pfr.

Pupa maritima Pfr. in Wiegm. Arch. I. 1839. p. 353.
» *alveare* Wood. doc. Pfr.
Strophia detrita Shuttl; Pfr. in Mal. Bl. 1854. p. 205. t. 3. f. 9–10.
Pupa maritima Pfr. Mon. Helic. V. p. 289.

Habita.—En las plantas de la costa de *Matanzas!*, de *Cayo Blanco* en Cárdenas (Gundl.) y de la *Boca de Jaruco* (Clerch.)

P. Sagraiana Pfr.

Pupa Sagraiana Pf. in Zeitschr. f. mal. 1847. p. 15.
» » Küst. p. 121. t. 16. f. 4–5.
» » Pfr. Mon. Helic. V. p. 290.

Habita.—En las plantas de *Cayo Galindo*, *Cayo Piedra* y *Cayo Blanco* cerca de Cárdenas (Gundl.)

P. marmorata Pfr.

Pupa marmorata Pfr. in Zeitschr. f. Mal. 1847. p. 83.
» » Küst. p. 159. t. 19. f. 10–12.
» » Pfr. Mon. Helic. V. p. 290.

Habita.—En las plantas de la *Punta de Maisí!*

Tambien se halla en *Bahamas:* los ejemplares recibidos de esa localidad y nombrados así por Mr. Bland, no convienen con los nuestros.

P. vulnerata Küst.

Pupa vulnerata Küst. Mon. p. 161. t. 19. f. 46–48.
» » Pfr. Novit. conch. p. 368. t. 84. f. 18–23; Mon. Helic. V. p. 290.

Habita.—En *Cuba*, *Jibara?*

P. Proteus Gundl.

Pupa dimidiata Pfr. in Zeitschr. f. mal. 1847. p. 16.
» *Proteus* Gundl. mss. Pfr. in Mal. Bl. VII. 1860. p. 19.
» » Pfr. Novit. conch. p. 267. t. 66. f. 13–18 senior; 19–22 junior.; Mon. Helic. V. p. 291.

Habita.—En las plantas de *Jibara* (Gundl.)

P. multicosta Küst.

Pupa multicosta Küst. Monogr. p. 77. t. II. f. 6–7.; t. 10. f. 1–2.

Pupa multicosta Pfr. Mon. Helic. V. p. 291.
Habita.—En *Cuba* (Pfr.)

P. striatella Fér.

Helix striatella Fér. Mus.
Pupa striatella Guér. Icon. Moll. p. 16. t. 6. f. 12.
« » Küst. p. 91. t. 10. f. 14–15; t. 11. f. 13–15.
» » Pfr. Mon. Helic. V. p. 292.
Habita.—En las plantas de *Punta de Hicacos, Cayo de cinco leguas, Cayo Iguana* y *Cabo Cruz* (Gundl.)
Tambien se encuentra en *Bahamas, Portorico* y *Haití*.

P. venusta Poey.

Pupa venusta Poey Mem. II. p. 30.
» » Pfr. Mon. Helic. V. p. 292.
Habita.—En la isla de *Cuba* (Regino Perez.)

P. microstoma Pfr.

Pupa microstoma Pfr. in Mal. Bl. 1854. p. 207. t. 3, f. 15–16; Mon. Helic. V. p. 292.
Habita.—En *Punta de Hicacos* (Pfr.) y en *Cabo Cruz* (Gundl.)

P. scalarina Gundl.

Pupa scalarina Gundl. mss. Pfr. in Mal. Bl. VII. p. 19,
» » Pfr. Novit. conch, p. 367. t. 84. f. 16–17; Mon. Helic. V. p. 292.
Sospecho que esta especie sea una variedad escalariforme de otra de las conocidas.
Habita.—En *Jibara* (Gundl.)

P. Cumingiana Pfr.

Pupa Cumingiana Pfr. in Proc. Zool. Soc. London 1852. p. 68.
» » Küst. Mon. p. 162, t. 19. f. 23–25.
» » Mon. Helic. V, p. 293.
Habita.—En *Cuba* (Gundl.)
Tambien se halla en *Bahamas*; pero los individuos de allí así nombrados por Mr. Bland, no convienen bien con los de Cuba.

P. cyclostoma Küst.

Pupa cyclostoma Küst. in Chemn. ed. II. Pupa. p. 6. t. 1. f. 5–6.

Pupa Kusteri Pfr. in Proc. Zool. Soc. London. 1852. p. 69.
» » *Küst.* p. 165. t. 20. f, 3–6.
» *cyclostoma* Pfr. Mon. Helic. V. p. 293.

Habita.—En las plantas de *Cayo Francés* [Gundl.]. Entre los individuos de este género hallados en *Cabo Cruz* algunos pueden referirse á esta especie.

P. Gundlachi Pfr.

Pupa Gundlachi Pfr. in Zeitschr. f, mal. 1852. p. 175 t. 1. .. 39–42: Mon. Helic. V. p. 293.

Habita.—En la *Punta de San Juan de los Perros* [Gundl.]

Gen. Vertigo.

V. marginalba Pfr.

Pupa marginalba Pfr. in Wiegm. Arch. I. 1840. p. 253.
» » Küst. p. 89, t. 12. f. 22–23.
» » Pfr. Mon. Delic, V. p. 327.

Habita.—Debajo de las piedras en *Cogímar!*

V. pellucidus Pfr.

Pupa pellucida Pfr. Symb. I. p. 46.
» » Küst. p. 89. t. 12. f. 24–25.
» *servilis* Gould, in Bost. Journ. IV. p. 356. t. 16. f. 14.
Pupa *Riissei* Pfr. in Zeitschr. f. mal. 1852 p. 151.
» *pellucida* Pfr. Mon. Helic. V. p. 331,

Varía mucho en la forma y en la disposicion de los dientes, siendo éstos por lo regular en número de cinco, de ellos uno bífido, excepto en los ejemplares de Jamaica. En un dibujo hecho al microscopio de la Pupa *servilis* no veo mas que cuatro dientes.

Habita.—Debajo de las piedras en los alrededores de la *Habana!*, de *Almendares!* de *Cárdenas*, *Trinidad* y *Guantánamo* [Gundl.] y del partido de *Tabajó* al pié del Yunque de Baracoal

Tambien vive en *Bahamas*, *Barbados*, *Portorico*, *Jamaica*, *St. Thomas* y *Bermuda*.

V. ovata Say.

Pupa *ovata* Say in Phil. Journ. II. P. 2. p. 375.

Pupa ovata Gould. in Bost. Journ. IV. p. 351· t. 16. f. 7–8.
» *modecta* Say in Long's sec. exped. App. II. 259. t. 15. f. 5.
» *ovulum* Pfr. Symb. I. p. 46.
» » Küst. t. 14. f. 1. 2.
Pupa ovata Pfr. Mon. Helic. V. p. 332.
Habita.—En *Cuba* [Pfr.]
Tambien vive en el Continente Americano en *Vera Cruz*, *Pennsyilvania* y *Massachussets*.

V. neglecta Arango.
Vertigo neglecta Arango mss. Poey Mem, II. p. 30. t. 2. f. 17. 18.
» » Pfr. Mon. Helic. V. p. 328,
Habia reunido esta especie á la anterior, pero me decido á separarlas de nuevo al ver que el Dr. Pfeiffer así lo hace y porque no ha sido hallado en ninguna de las otras Antillas.
Habita.—En *Cárdenas!*

Gen. Cylindrella.

Cylindrella torquata Mor. Test. noviss. I. p. 10.
» » Chemn. p. 66. t. 7. f. 19–20,
» » Pfr. Mon. Helic. V. p. 358.
Columela con una lámina cortante por la parte anterior.
Habita.—Sobre los árboles en *Rangel!*

C. Sauvalleana Gundl.
Cylindrella Sauvalleana Gundl in Poey Mem. II. p. 16. t. 2. f. 12.
» » Pfr. Mom. Helic. V. p. 358.
Columela interna con una lámina cortante hácia la parte ananterior.
Habita.—En los árboles de lo llano del potrero *Valenteni* en Santa Cruz de los Pinos!

C. decolorata Gundl.
Cylindrella decolorata Gundl. mss. Pfr. in Mal. Bl. XI. 1863. p. 4.

Cylindrella decolorata Pfr. Mon. Helic. V. p. 358.
Columela interna con una lámina cortante hácia la parte anterior.

Habita.—En los árboles de *Santa Cruz* de los Pinos. (Gundl.)

C. irrorata Gundl.

Cylindrella irrorata Gundl. in Poey Mem. II. p. 16. t. 2, f. 19.
» » Pfr. Mon. Helic. V. p. 358.

Columela interna con una lámina cortante hácia la parte anterior.

Habita.—En los árboles y piedras en los *Baños de San Diego!*, *Pan de Azúcar!* y de *Viñales* (Wright).

C. crenulata Gundl.

Cylindrella crenulata Gundl. in Mal, Bl. III. 1856. p. 42.
» » Pfr. Mon. Helic. V. p, 358.

Columela interna con una lámina cortante hácia la parte anterior.

Habita.—En los árboles del Pan de *Guajaibon* (Gundl.)

C. acus Mor.

Cylindrella acus. Pfr. Symb. I. p. 47.
» » Phil. Icon. I. 8. p. 182. t. 1. f. 8.
» » Pfr. Mon. Helic. V. p, 359.

Columela interna con una lámina cortante hácia la parte anterior poco notable.

Habita.—En los árboles de las lomas de *Candelaria!*

C. obliqua. Pfr.

Cylindrella obliqua Pfr. in Mal. Bl. XI. 1863. p. 11.; Novit. conch. p. 250. t. 63. f. 18–21; Mon. Helic. V. p. 360.

Columela interna con dos láminas casi paralelas.

Habita.—En *Puerto Príncipe* (Wright)

C. vincta Gundl.

Cylindrella vincta Gundl. mss. Pfr. in Mal. Bl. XI. 1863, p. 7.
Cylindrella vincta Pfr. Mon. Helic. V. p. 361.

Columela interna con tres pliegues laminosos, el posterior se dilata un poco en la 3ª, 4ª, 5ª y 6ª vuelta.

Habita.—En las piedras del *Hato Sagua* al pié del *Pan de Guajaibon.* [Gundl.]

C. adnata Pfr.

Cylindrella adnata Pfr. in Mal. Bl. XI. 1863. p. 129; Mon. Helic. V. p. 361.

Columela con una lámina cortante hácia la parte anterior.

Habita.—En los paredones y piedras del *Sumidero!* hacienda en la jurisdiccion de Pinar del Rio.

C. Lavalleana Orb.

Pupa Lavalleana Orb. in Sagra p. 97. t. 12. f. 18–20.

Cylindrella Lavalleana Pfr. Mon. Helic. V. p. 362.

Columela interna con dos láminas cortantes.

Habita.—En las piedras de *Sitio Quemado* y *Güinía de Miranda* en Trinidad [Gundl.]

C. Pilotensis Gundl.

Cylindrella Lavalleana Orb. var.? Pfr. Mal. Bl. IX. 1862, p. 131.

» *Pilotensis* Gundl. mss. in Arango in An. de la Real Acad. de C. méd. fis. y nat. de la Habana t. 12. 1856. p. 283.

Columela interna con dos láminas gruesas en las primeras vueltas, en las últimas con ganchos como en **C. uncata.**

Habita.—*Piloto-arriba* en Mayarí [Wright.]

C. laevigata Gundl.

Cylindrella laevigata Gundl. mass. Pfr. in Mal. Bl. VI. 1859. p. 96.

» » Pfr. Mon, Helic. V. p. 362.

Columela interna con un pliegue ancho interrumpido por escotaduras que lo hacen parecer nudoso.

La testa presenta el aspecto de la **C. Lavalleana Orb.**, de la que difiere por la última vuelta no descendente y la quilla.

Habita.—En las piedras de *Monte Toro* en Guantánamo Gundl.

C. perlata Gundl.

Cylindrella perlata Gundl. mss. Pfr. in Mal. Bl. VI. 1859. p. 97.

Cylindrella perlata Pfr. Mon. Helic. V. p. 362.

Columela interna erizada de ganchos de dos en dos á manera de pinzas: los ganchos son muy parecidos á los de la **C. uncanta.**

Habita.—En las piedras de *Monte Toro* y *Yateras* (Gundl.) y en las del ingenio «*El Coco*» en Sagua de Tánamo!

C. ventricosa Gundl.

Cylindrella ventricosa Gundl. in Mal. Bl. IV. 1857. p. 175.
» *abnormis* Gundl. in Poey Mem. II. p. 61, 92.
» *ventricosa* Pfr. Novit. conch. p. 250. t. 63, f. 22-25.; Mon. Helic. V. p. 362.

Columela interna con una lámina hácia la parte anterior y vestigios de otra hácia la posterior.

Habita.—En las piedras de *Manzanillo* y *Bayamo* (Gundl.)

C. producta Gundl.

Cylindrella producta Gundl. in Mal. Bl. IV. 1857. p. 110.
» » Chemn. p. 18. t. 9. f. 26-30.
» » Pfr. Mon. Helic. V. p. 362.

Columela interna simplísima.

Parecida á la **C. integra Poey;** pero tiene las estrías mucho más finas.

Habita.—En las piedras de *Trinidad*, *Banao* y *Manzanillo* (Gundl.)

C. Hidalgoi Arango n. sp.

«*Testa cylindraceo-turrita, truncata, tenuis, laevigata, oleoso-micans, fusco-cornea, faciis angustis irregulariter distantibus albidis ornata; sutura remote denticulata* (*dentibus in parte superiori anfractuum*); *anfr. superstites* 9-12, *convexiusculi, ultimus solutus, antice liratus, subcarinatus; apertura obliqua, oblonga, rotundata, peritrema albidum undique reflexum.-Long. truncati* 15-16, *diam.* 2½ *mill.*

Columella interior lamellis 2 *aequalibus circumvoluta.*

Quoad formam et ultimum anfractuum productum similis **Cyl. productæ,** *sed faciliter distinguenda faciis albidis, testa laevigata, columella bilamellata*» (G.).

Habitat.-Bebedero in Pinar del Rio partis occidentalis.

Dedico esta especie al distinguido malacólogo español S. D. J. G. Hidalgo.

C. clara Wright.

Cylindrella clara Wright mss. Pfr. in Mal. Bl. XII. 1865. p. 119.
» » Pfr. Mon. Helic. V. p, 362.

Columela interna con tres pliegues laminosos, el superior muy dilatado.

Habita.—En las piedras del ingenio *Quiñones* cerca de Bahía-honda (Wright).

C. concreta Gundl.

Cylindrella concreta Gundl. mss. Pfr. in Mal, Bl. XI. 1864. p. 8.
» » Pfr. Mon. Helic. V. 363.

Columela interna *filoso-torta*.

Habita.—En las piedras de Viñales, *Caiguanabo*, *Galaton*! y *Cayos de S. Felipe*. (W.)

C. distincta Gundl.

Cylindrella distincta Gundl. mss. Arango in An. de la Real Acad. de C. méd. fis. y nat. de la Habana t. XII. 1876. p. 284.

Columela interna con dos pliegues redondeados.

Habita.—En las piedras de *Sitio Nuevo* y *Punta de la Jaula*. en Guane (Wright).

C. cristallina Wright.

Cylindrella cristallina Wright. mss. Pfr. in Mal. Bl. XII. 1865. p. 120.
» » Pfr. Mon. Helic. V. p. 363.

Columela interna casi simple, apénas torcida.

Habita.—En las piedras de la *Palma* en la jurisdiccion de Pinar del Rio (Wright).

C. Sowerbyana Pfr.

Cylindrella Sowerbyana Pfr. in Proc. Zool. Soc. London. 1846. p. 116.
» » Pfr. Mon. Helic. V. p. 366.

Columela interna con una lámina algo engrosada.

Habita.—En las piedras de *Monte Toro* y *Monte Líbano* en Guantánamo (Gundl.)

C. Torrei Arango.

Cylindrella Torrei Arango in An. de la Real Acad. de C. méd. fis. y nat. de la Habana t. XII. 1876. p. 282.

Columela interna con dos pliegues, el anterior más extendido.

Habita.—*Zapata*, á inmediaciones de la Ciénaga de este nombre (La Torre).

C. Oviedoiana Orb.

Pupa Oviedoiana Orb. in Sagra p. 97. lám. 12. f. 15-17.
Cylindrella Oviedoiana Pfr. Mon. Helic. V. p. 366.
» » Poey Mem, II, t. 1. f. 24. (mala.)

Columela interna: parece que varía, la lám. 1. f. 24. Poey Mem. II. la representa con seis pliegues en la última vuelta y ocho en la antepenúltima. El Dr. Pfeiffer en Mon. Helic. IV. p. 698 dice; «*Columna interna laminis 3 spiralibus, infima majore, munita*», esta descripcion conviene con la de la **C. Shuttleworthiana Poey** en ejemplares de Managua que tengo á la vista; pero no con la lám. 1 f. 23. Mem. II. El Dr. Gundlach in litt. me dice: *en un individuo jóven en la primeras vueltas dos láminas, en las siguientes vestigios de tres y en la penúltima tres; en la última en otro ejemplar adulto están tambien en aumento; pero no como en* Mem. II. t. 1. f. 24. Yo veo en un ejemplar que tengo á la vista de San José de las Lajas, en la penúltima vuelta cuatro pliegues, el anterior más dilatado y precedido de otro redondeado, en la que la precede igual, en las demas van disminuyendo los pliegues. Por consiguiente son de desechar la lám. 1. f. 23, de Poey Mem. II. y la descripcion de Pfeiffer. Mon. Helic. IV. p. 698, y queda dudosa si la de Gundlach es una var. ú otra especie.

Habita.—En las piedras de las cercanías de *San José de las Lajas*. (Poey)

C. Shuttleworthiana Poey.

Cylindrella Shuttleworthiana Poey Mem. II. p. 31. t. 1. f. 23.
» » Pfr. Mon. Helic. V. p. 366.

Columela interna sin pliegues en la última vuelta, en la penúltima y las dos siguientes con tres pliegues, el anterior más dilatado, el posterior redondeado, en las otras vueltas va en disminucion el número de pliegues: individuos de *Managua*.

Habita.—En las piedras en *Managua* (Poey) y en las cercas de piedra en el pueblo de *Santo Cristo de la Salud!* en jurisdiccion de Bejucal.

C. strangulata Poey.

Cylindrella strangulata Poey Mem. II. p. 31. t. 1. f. 20–22.
» » Pfr. Mon. Helic. V. p. 366.

Columela interna con dos pliegues, el anterior laminoso muy dilatado en la penúltima vuelta, las anteriores á ésta sin lámina dilatada.

Habita.—En las *Lomas de Candela* en Güines (Poey).

C. Fabreana Poey.

Cylindrella Fabreana Poey mss. Pfr: in Mal. Bl. VI. 1859. p. 96. in adnot.; Novit. conch. p, 245. t. 63. f. 1–3; Mon. Helic. V. p. 366.

Columela interna con un pliegue laminoso en la penúltima vuelta, en la antepenúltima un pliegue poco notable junto al tabique seguido de otro muy dilatado, en la vuelta que le sigue presenta un pliegue no tan dilatado, seguido de dos que levantan poco, el uno angosto y el otro ancho á manera de cinta.

Habita.—En las piedras del *Seborucal* cerca de San Antonio de los Baños (Fabre).

C. Vignalensis Wright.

Cylindrella Vignalensis Wright mss. Pfr. in Mal. Bl. XI. 1864. p. 3.; Novit. conch. p. 246. t. 63. 7–9; Mon. Helic. V. p. 367.

Columela interna con dos pliegues en las últimas vueltas.

Habita.—En los paredones de *Viñales* (Wright).

C. violacea Wright.

Cylindrella violacea Wright mss. Pfr. in Mal. Bl, XI. 1864, p. 128.
» » Pfr. Novit conch. p. 260. t. 65. f. 10–12: Mon. Helic. V. p. 367.

Columela interna «*lamella una compressa oblique circumvoluta*» (Pfr.)

Habita.—En las piedras de *Isabel María*, hato en la jurisdiccion de Pinar del Rio (Wright.)

C. trilamellata Pfr.

Cylindrella trilamellata Pfr. in Mal. Bl. XI. 1864, p. 128; Novit. conch. p. 260. t. 65. f. 13–15.; Mon. Helic. V. p. 368.

Columela interna con tres laminillas oblícuas casi iguales.

Habita.—En las piedras y paredones de la *Güira de Luis Lazo*, hato en la jurisdiccion de Pinar del Rio (Wright).

C. Humboldtiana Pfr.

Cylindrella Humboldtiana Pfr. in Wiegm. Arch. 1840. p. 252.; in Phil. Ic. p. 184. t. 1. f. 4.; Mon. Helic. V. p. 368.

Columela interna presentando en las dos antepenúltimas vueltas cuatro pliegues, el anterior laminoso, los tres posteriores redondeados y precedido de otro poco notable junto al tabique, en la penúltima vuelta dos pliegues y en las otras tres pliegues que van en disminucion hácia las vueltas del ápice.(*Potrero Dique.*)

Habita.—En las piedras y cercas de *Camoa!*, *Cuevas de Cotilla!*, *Potrero Dique!* y *Managua* (Poey).

C. scaeva Gundl.

Cylindrella Humboldtiana var. Pfr. in Phil. Abbild. III. 17. Cyl. t. 3. f. 11.

Cylindrella scaeva Gundl. mss. Pfr. in Mal. Bl. X. 1863. p. 248.

» » Bland in Ann. Lyc. N. Y. VIII. 1865. p. 161.

» » Mon. Helic. V. p. 368.

Columela interna con dos pliegues, el anterior dilatado.

Habita.—Debajo de las piedras en *Ceiba Mocha!*

C. striatella Wright.

Cylindrella striatella Wright mss. Pfr. in Mal. Bl. XI. 1864. p. 2.

Cylindrella striatella Pfr. Novit. Conch. p, 246. t. 63. f. 4–6; Mon. Helic. V. p. 368.

Columela interna con dos pliegues paralelos casi iguales.

Habita.—En las piedras de *Punta de la Jaula* en Guane (Wr.).

C. arcustriata Wright.

Cylindrella arcustriata Wright mss. Pfr. in Mal. XI. 1864. p. 3.

» » Pfr. Novit. conch. p. 259. t. 65, f. 5–7: Mon. Helic. V. p. 369.

Columela interna con una lámina denticulada.

Habita.—En las piedras de *Pan de Azúcar!* y de *San Andrés* cerca de Viñales (Wright).

C. pruinosa Mor.

Cylindrella pruinosa Mor. Test. noviss. I, p. 11.

» » Bland. in Ann. Lyc. N. Y. VI. p. 151. f. 17.

» » Pfr. Mon. Helic. V. p. 370.

» *columnaris* Newc.

Columela interna con dos pliegues, el anterior laminoso, el posterior redondeado.

Habita.—En las sierras de *Isla de Pinos* (Gundl).

C. coerulans Poey.

Cylindrella coerulans Poey Mem. II. p. 37. t. I. f. 14.

» » Pf. Mon. Helic. V. p. 370.

Columela interna con un pliegue laminoso.

Habita.—En las piedras de Guane! y de la Tenería en Guane (Wright).

C. nubila Poey.

Cylindrella nubila Poey Mem. II. p. 38. t. 1. f. 25.

Columela interna con dos pliegues.

Habita.—En las piedras de *Paso Real de Guane* (Poey)

C. soluta Pfr.

Cylindrella soluta Pfr. in Mal. Bl. XI. 1864. p. 6.; Mon. Helic. V. p. 371.

Columela interna simple.

Habita.—En los paredones entre *Guajaibon* y la *Chorrera* [Wright]. .

C. elegans Pfr.

Clausilia elegans Pfr. in Wiegm. Arch. I. 1839 p. 353.
Siphonostoma lituus Gould in Bost. Journ. IV. 1842.
Balea truncatula Villa Disp. Syst. p. 25.
Pupa Auberiana Orb. in Sagra p. 98. lám, 12. f. 21–23.
Cylindrella nobilis Stenz.
» *obtorta* Mke.
» *elegans* Pfr. Mon. Helic. V. p. 371.

Columela interna con dos pliegues.

Habita.—Debajo de las piedras en *Matanzas!*, *Calabazar!* y en gran parte del departamento Occidental.

C. Machoi Arango.

Cylindrella Machoi Arango in An. de la Real Acad. de C. méd., fís. y nat. de la Habana t. XII. 1876. p. 282.

Columela interna torcida, presentando un hilo.

Habita.—En *Canasí!* cerca de Matanzas.

C. Moralesi Gundl.

Cylindrella Moralesi Gundl. mss. Arango in An. de la Real Acad. de C. méd., fís. y nat. de la Habana, t. XII, 1876. p. 283.

Columela interna circuida de un hilo grueso.

Habita.—En *Ceiba Mocha* cerca de Matanzas. [Gundl.]

C. Caeciliae Gundl.

Cylindrella Caeciliae Gundl. mss. Arango in An. de la Real Acad. de C. méd., fís. y nat. de la Habana, t. XII. 1876. p. 284.

Columela interna con cuatro pliegues laminosos en las vueltas del medio, el superior dilatado, en las últimas vueltas dos pliegues solamente.

Habita.—Debajo de las piedras en el ingenio *Union* (a) *Dos Cecilias* cerca del Coliseo (Gundl).

C. Arangiana Gundl. n. sp.

«*Similis Cyl. elegante sed diversa majori numero anfractuum in exemplaribus longitudinis aequalis, forma testae magis cylindrica, anfractubus minus convexiusculis. Anfr. superst.* 14. *Differt imprimis ab eleganti columela interna in omnibus anfractubus laminis* 2 *fortioribus, crassioribus, subaequales (superiori pauce latiori).»* (G.)

Habita.—En *Canasí* cerca de Matanzas!

C. planospira Pfr.

Cylindrella planospira Pfr. in Mal. Bl. 1855. p, 99. t, 5. f. 4. 5.

Cylindrella subita Poey Mem. II. p. 32. 61. t. 3. f. 12. 13.

» *planospira* Pfr. Mon. Helic. V. p. 371.

Columela interna con dos pliegues redondeados, oblícuos, que descienden más rápidamente que en *Cyl. elegans.*

Habita.—En las piedras de *Managua* (Poey), *Bejucal!* y *Sitio Perdido* en Jaruco (Clerch).

C. Stearnsi Arango n. sp.

«*Testa breviter rimata, cylindraceo-turrita, truncata, oblique costulato-striata, opaca, pallide-cornea, spira superne parum attenuata, anfr. superst.* 13 *planiusculi, ultimus antrorsum breviter solutus, fortius costulato-striatus, basi angulatus; apertura obliqua, subcircularis, peritrema album, indique aequaliter expansum, et reflexiusculum.—Columela interior in anfractubus medianis laminis* 3, *superiori latiore, in ultimo anfractu laminis* 2 *instructa.—Long. exemplaris truncati* 17 *mill., diam.* 3. *mill., aperturae diam.* 2½ *mill.* (G.)

Habita.—Debajo de las piedras en *Sabana de Robles* cerca de Madruga!

C. angulifera Gundl.

Cylindrella angulifera Gundl. in Mal. Bl. V. 1858. p. 187.

» » Pfr. Mon. Helic. V. p. 372.

Columela interna simple.

Habita.—En varias localidades de *Santiago de Cuba* y *Bayamo* (Gundl.), de *Mayarí* (Wright.) y de *Baracoa!*

C. Presasiana Pfr.

Cylindrella Presasiana Pr. in Mal. Bl. XIII. 1866. p. 62; Mon. Helic. V. p. 372.

Columela interna simple.

Habita.—En *Hato Sagua* al pié de Guajaibon (Gundl.)

C. capillacea Pfr.

Cylindrella capillacea Pfr. in Mal. Bl. XI. 1864. p, 9; Mon. Helic. V. p. 372.

Columela interna filoso-torta.

Habita.—Al pié de los paredones de *Viñales* (Wright).

C. patruelis Arango.

Cylindrella patruelis Arango in An. de la Real Acad. de C. méd., fís. y nat. de la Habana, t. XII. 1876. p. 283.

Columela interna con tres pliegues, el superior laminoso muy dilatado, el inferior poco saliente.

Habita.—En las piedras del cafetal *San Felipe Benicio* cerca de Candelaria.

C. volubilis Mor.

Cylindrella volubilis Mor. Test. noviss. I. p. 11.
» » Pfr. Mon. Helic. III. p. 576.

Columela interna «*filo vix prominente circumvoluta*» (Pfr.)

Véase lo que digo en la especie siguiente.

Habita.—En el *Pan de Guajaibon* (Mor.)

C. saxosa Poey.

Cylindrella saxosa Poey Mem. II. p. 31. t. 3. f. 10. 11.

Columela interna en individuos *en Santa Cruz de los Pinos*, de donde es el tipo, con tres láminas iguales: en los del cafetal *San Leon* la lámina superior es un poco más ancha y la inferior más angosta.

El Sr. Pfeiffer persiste en poner esta especie en la sinonimia de la anterior, no queda duda de que son dos especies distintas, y para convencerse basta comparar los ejes columelares; la una es, segun Pfr., *filo vix prominente circumvoluta*; ésta presenta e eje columelar con tres pliegues bien marcados.

Habita.—En las piedras de *Rangel!*, *Sierra del Rosario* en San Cristóbal (Cisneros) y en el cafetal *San Leon* (Gundl.)

C. notata Gundl.

Cylindrella notata Gundl. mss. Pfr. in Mal. Bl. XI. 1864. p. 10.
» » Pfr. Mon. Helic. V. p. 372.

Columela interna con tres pliegues, el superior dilatado. La descripcion de Pfeiffer en Mon. V. p. 372. es errónea, debido á no haber abierto la testa.

Habita.—En las piedras de la *Sierra de Güira*, de los *Baños de San Diego* (Gundl.) y de *Rangel* y los *Mogotes de Galalon!*

C. albocrenata Gundl.

Cylindrella albocrenata Gundl. mss. Pfr. in Mal. Bl. XI. 1864. p. 7.
» » Pfr. Mon. Helic. V. p. 373.

Columela interna con tres pliegues laminosos paralelos.

Habita.—En las piedras de la *Catalina de Guane* (Wright).

C. illamellata Wright.

Cylindrella illamellata Wright. mss. Pfr. in Mal. Bl. XI. 1864. p. 130.
» » Pfr. Mon. Helic. V. p. 373.

Columela interna simplísima.

Habita.—En *La Palma* en jurisdiccion de Pinar del Rio. (Wright).

C. Poeyana Orb.

Pupa Poeyana Orb. in Sagra p. 98. t. 12. f. 24, 26.
Cylindrella variegata Pfr. Symb. II. p. 60.
Pupa lactaria Gould, in Bost. Journ. IV. p. 491. tab. 24. f. 13.
Cylindrella Poeyana Pfr. Mon. Helic. V. p. 374.
» *variegata* Pfr. Mon. Helic. V. p. 374.

Columela interna simple.

Habita.—En las piedras de casi toda la Isla.

Parece que tambien habita en *Jamaica* y la *Florida*.

C. Garciana Wright.

Cylindrella Garciana Wright, Presas in Rep. I. 1865. p. 220.
» » Pfr. Mon. Helic. V. p. 374.

Columela interna simple, ligeramente torcida.

Habita.—En las piedras del potrero *Palmasola* cerca de Matanzas (Wright).

C. diaphana Wright.

Cylindrella diaphana Wright mss. Pfr. in Mal. Bl. XII. 1865. p. 120.

Columela interna, en las tres últimas circunvoluciones con una lámina y las dos últimas con una lámina cada una.

Habita.—En las piedras de los *Portales de Guane* (Wright).

C. Canteroiana Gundl.

Cylindrella Canteroiana Gundl. mss. Arango in An. de la Real Acad. de C. méd. fís. y nat. de la Habana t. XII. 1876. p. 284.

Columela interna con un pliegue laminoso.

Habita.—En los alrededores de la *Vigía* de Trinidad (Gundl).

C. Heynemanni Pfr.

Cylindrella Heynemanni Pfr. in Mal. Bl. XII. 1865. p. 120; Mon. Helic. V. p. 374.

«*Columna interna lamellis* 3 *compressis subaequalibus parallelis circumvoluta*» (Pfr).

Habita.—En la *Tenería*, hacienda en jurisdiccion de Guane (Wright.)

C. fortis Gundl.

Cylindrella fortis Gundl. mss. Pfr. in Mal. Bl. XI. 1864. p. 5.
» » Pfr. Mon. Helic. V. p. 375.

Columela interna con dos pliegues gruesos.

Habita.—En las piedras de *Ceiba Mocha!*

C. Hilleiana Gundl.

Cylindrella Hilleiana Gundl. mss. Arango in An. de la Real Acad. de C. méd., fís. y nat. de la Habana t. XII. 1876. p. 282.

Columela interna con dos láminas gruesas, la anterior más dilatada.

Habita.—En *Madruga* (Gundl).

C. fumosa Gundl.

Cylindrella fumosa Gundl. mss. Pfr. in Mal. Bl. XI. 1864. p. 5.

» » Pfr. Mon. Helic. V. p. 375.

Columela interna con dos pliegues filiformes apénas levantados.

Habita.—En las piedras del ingenio *Caunabaco* al pié del Palenque de Matanzas (Gundl.).

C. discors Poey.

Cylindrella discors Poey. Mem. II. p. 38.

» » Pfr. Mon. Helic. V. p. 375.

Columela interna con un pliegue laminoso hácia la parte anterior.

Habita.—En las piedras de la *Sierra de Guane!*, del *Sumidero!* en Pinar del Rio y de *Lagunillas de Consolacion* (Wright).

C. affinis Pfr.

Cylindrella affinis Pfr. in Mal Bl. XI. 1864. p. 127.

» » Mon. Helic. V. p. 375.

Columela interna con un pliegue laminoso oblícuo.

Habita.—En las piedras de la hacienda *Sumidero!* y en las de la *Tenería* en Guane (Wright.)

C. lateralis Paz.

Cylindrella lateralis Paz, Pfr. in Mal. Bl. 1860, p. 21.

» » Pfr. Novit. conch. p. 263. t. 65. f. 26, 27.

» » Mon. Helic. V. p. 376.

Columela interna, de eje grueso con abolladuras ó rugosidades que la hacen aparecer plegada; la torsion del eje en esta especie es perversa.

Habita.—En los paredones del *Yunque de Baracoa!*

C. brunnescens Gundl.

Cylindrella brunnescens Gundl. mss. Pfr. in Mal. Bl. XI. 1864. p. 8.

» » Pfr. Mon. Helic. V. p. 377.

Columela interna con tres pliegues, el posterior mucho más dilatado.

Hábita.—En las piedras del *Hato Caimito* cerca del Pan de Guajaibon (Gündl).

C. crispula Pfr.

Clausilia crispula Pfr. in Wiegm. Arch. I. 1839. p. 353.
Cylindrella crispula Phil. Icon. p. 181. t. 1. f. 13.
» » Pfr. Mon. Helic. V. p. 378.

Columela interna con dos pliegues engruesados.

Habita.–En las piedras del cafetal *Fundador* en Matanzas. (G.)

C. lirata Jim.

Cylindrella lirata Jim. mss. Pfr. in Mal. Bl. XI. 1864. p. 12.
» » Pfr. Mon. Helic. V. p. 378.

«*Columna interna laminis 2 compressis, oblique volventibus, superiori validiore, numita.*» (Pfr.)

Habita.—En *Cuba* (Jim.), *Matanzas?*

C. Coronadoi Arango.

Cylindrella Coronadoi Arango mss. Pfr. in Mal. Bl. XI. 1864. p. 13.
» » . Pfr. Novit. conch. p. 251. t. 63. f. 26–29.; Mon. Helic. V. p. 375.

Columela interna con dos pliegues filiformes poco notables.

Habita.—Debajo de las piedras y de la hojarasca en la *Chorrera!*, y en *Puentes Grandes!*; cercanías de la Habana.

C. Blainiana Gundl.

Cylindrella Blainiana Gundl., Pfr. in Mal. Bl. 1863. p. 13.
Cylindrella Blainiana Pfr. Novit. conch. p. 152. t 63. f. 30–35.; Mon. Helic. V. p. 379.

Columela interna casi simple, confusamente filoso-torcida.

Habita.—En los paredones del *Pan de Guajaibon* (Gundl).

C. Palmae Gundl.

Cylindrella Palmae Gundl. mss. Arango in An. de la Real Acad. de C. méd. fís. y nat. de la Habana t. XII. 1876. p. 285.

Columela interna con tres pliegues laminosos, el superior mayor.

Habita.—Hallada entre la *Palma* y *Caiguanabo* en jurisdiccion de Pinar del Rio [Wright.]

C. Sagraiana Pfr.

Cylindrella perplicata Pfr. in Wiem. Arch. I. 1840. p. 41.
» *Sagraiana* Pfr. in Zeitschr. f. mal. 1846. p. 120.
» *perplicata* Phil. Icon. p. 182. t. 1. f. 14.
» *Sagraiana* Pfr. Mon. Helic. V. p. 379.

Columela interna: no la hemos visto por no existir en nuestras colecciones la especie.

Habita.—En el cafetal *Fundador* cerca de Matanzas (Gundl).

C. integra Pfr.

Cylindrella integra Pfr. in Mal. Bl. III. 1856. p. 47.
» » Chemn. ed. nov. p. 31. t. 4. f. 16–18.
» » Pfr. Mon. Helic. V. p. 379.

Columela interna con tres pliegues laminosos, segun veo en ejemplares de los *Baños de San Diego*: el Dr. Pfeiffer en Mon. V. dice: «*Columna interna simplex, filoso-torta.*»

Habita.—En las piedras y paredones de los *Baños de San Diego*.

C. Güirensis Gundl.

Cylindrella Güirensis Gundl. mss. Pfr. in Mal. Bl. XI. 1864. p. 11.
» » Pfr. Mon. Helic. V. p. 379.

Columela interna con tres pliegues laminosos, el anterior poco visible en las primeras vueltas, más dilatados en las dos antepenúltimas vueltas y en la última se convierten en tres cordones paralelos.

Habita.—En las piedras y paredones de la *Sirera de Güira*. [Gundl.].

C. fusiformis Wright.

Cylindrella fusiformis Wright mss. Pfr. Mon. Helic. V. p, 380.

Columela interna filoso-torta.

Habita.—En los paredones de los *Portales de* San *Diego de los Baños*. [Wright.]

C. Artemisiae Gundl.

Cylindrella Artemisiae Gundl. mss. Pfr. in Mal. Bl. XI, 1664. p. 6.
» » Mon. Helic. V. p. 380.

Columela interna con dos pliegues gruesos.

Habita.—En las piedras de Artemisa! y de Marianao!

C. Gutierrezi Arango.

Cylindrella Gutierrezi Arango in An. de la Real Acad. de C. méd. fís. y nat. de la Habana t. XII. p. 283.

Columela interna con dos pliegues débiles.

Habita.—En *Isabel María* cerca de Pinar del Rio (Wright).

C. mixta Wright.

Cylindrella mixta Wright mss. Pfr. in Mal. Bl. XII. 1865. p. 120.
» » Pfr. Mon. Helic. V. p. 381.

Colnmela interna muy simple.

Habita.—En las piedras del ingenio «*La Cochinata*» en las Pozas (Wright).

C. interrupta Gundl.

Cylindrella interrupta Gundl. in Mal. Bl. IV. 1857. p. 175.
» » Pfr. Novit. Conch. p. 248. t. 63. f. 13-15.; Mon. Helic. V. p. 382.

Columela interna con un pliegue redondeado muy fuerte.

Habita.—En las piedras del *Júcaro* en Cabo Cruz, de *Manzanillo* y de *Santiago de Cuba* (Gundl).

C. fastigiata Gundl.

Cylindrella fastigiata Gundl. mss. Pfr. in Mal. Bl. VII. 1860. p. 20.
» » Pfr. Novit Conch. p. 263. t. 65. f. 23-25; Mon. Helic. V. p. 332.

Columela interna con dos pliegues redondeados poco marcados, en las últimas vueltas están plegados. El Dr. Pfeiffer en Mon. V. p. 382 dice: «*columna interna leviter plicata.*

Habita.—En la parte N. de toda la jurisdiccion de *Baracoa!*, especialmente en el *Yunque*, donde abunda de un modo prodigioso.

C. intusmalleata Gundl.

Cylindrella intusmalleata Gundl. in Mal. Bl. V. p, 186.
» » Pfr. Mon. Helic. V. p. 382.

Columela interna gruesa, torcida, con abolladuras.

Habita.—En las piedras del *Ramon* en Santiago de Cuba y de *Monte Toro* en Guantánamo (Gundl.) y en el ingenio «*El Coco*» en Sagua de Tánamo!

C. uncata Gundl.

Cylindrella uncata Gundl. mss. Pfr. in Mal. Bl. VI. 1859. p. 97.
» » Pfr. Novit. conch. p. 247. t. 63. f. 10-12.; Mon. Helic. V. p. 382.

Columela interna, en cada anfracto con ganchos encorvados de arriba abajo y de abajo á arriba formando como una C cuyos extremos se unen mucho. El Dr. Pfeiffer dice que es la columela más interesante que ha visto.

Habita.—En las piedras de *Yateras* y *Monte Líbano* en Guantánamo (Gundl.).

C. geminata Gundl.

Cylindrella geminata Pfr. in Mal. Bl. XVII. 1870. p. 92.

Columela interna circuida de una banda ancha deprimida en el centro, como se nota en las vértebras de los peces, en la cual se ven láminas longitudinales que desaparecen hácia las últimas vueltas.

Habita.—En *Cayo del Rey* en Mayarí (Wright),

C. ornata Gundl.

Cylindrella ornata Gundl. Pfr. in Mal. Bl. VI. p. 97.
» » Pfr. Mon. Helic. V. p. 382.

Columela interna con dos pliegues redondeados en las últimas vueltas, el anterior con tendencias á ser doble; en la vuelta anterior á la antepenúltima es tan notable la dilatacion de uno de los pliegues que se convierte en una lámina y forma casi un tabique.

Habita.—En las piedras de *Yateras* en Guantánamo (Gundl.) y de *Yacabo-arriba* en Baracoa!

C. scabrosa Gundl.

Cylindrella scabrosa Gundl. mss. Pfr. in Mal. Bl. VI. 1859. p. 98.

» » Pfr, Mon. Helic. *V*. p. 383.

» *fibrosa* Gundl. mss.

Columela interna con un pliegue laminoso,

Habita.—En las piedras de *Yateras* en Guantánamo (Gundl).

C. Elliotti Poey.

Cylindrella Elliotti Poey Mem. II. p. 37. t. 5. f. 1-4.

» » Pfr. Mon. Helic. V. p. 383.

Columela interna con tres pliegues laminosos.

Habita.—En los paredones expuestos al Sol en la *Sierra de Guane!*.

C. marmorata Shuttl.

Cylindrella marmorata Shuttl. in Bern. Mittheil. 1852. p. 197.

» » Chemn. p. 55. t. 6. f. 10-12.

» » Pfr. Mon. Helic. V. p. 384.

Columela interna simple.

Habita.—En las piedras del *Valle del Yumurí* en Matanzas (Presas).

C. porrecta Gould.

Pupa (*Siphonostoma*) *porrecta* Gould in Bost. Journ. IV. p. 490. t. 24. f. 12.

Cylindrella porrecta Pfr. in Phil. Icon. II. p. 50. t. 2. f. 10.; Mon. Helic. V. p. 384.

Columela interna simple.

Habita.—En las piedras del *Limonar* y de *Caobas* (Gundl.) cerca de Matanzas.

C. sexdecimalis Jim.

Cylindrella sexdecimalis Jim. mss. Pfr. in Mal. Bl. XI. p. 9.

» » Pfr. Mon. Helic. V. p. 384.

Columela interna simple.

Bastante parecida á la *C. Gundlachiana* Poey; pero se distingue bien por la falta de quilla en el cuello.

Habita.—En las piedras del potrero *Fumero* en Vieja Bermeja (Jim.) y en los paredones del ingenio *San Luis* en Jarucol.

C. Gundlachiana Poey.

Cylindrella Adamsiana Poey Mem. I. p. 458.
» *Gundlachiana* Poey II. p. 9.

Habita.—En la Isla de Cuba (Adams, Redfield): no la he visto.

C. Clerchi Arango.

Cylindrella Clerchi Arango mss. Pfr. in Mal. Bl. XVII. 1870. p. 91

Columela interna simple.

Habita.—En las piedras de *Sitio Perdido* en Jaruco (Clerch.)

C. Brooksiana Gundl.

Cylindrella Brooksiana Gundl. mss. Pfr. in Mal. Bl. VI. 1859. p. 98.
» » Pfr. Novit. Conch. p. 249. t. 63. f. 16–17.; Mon. Helic. V. p. 384.

Columela interna simple.

Habita.—En los paredones de *Monte Libano* en Guantánamo (Gundl).

C. angustior Wright.

Cylindrella angustior Wright. mss. Pfr. in Mal. Bl. XI. 1864. p. 130.
» » Mon. Helic. V. p. 384.

Columela interna filoso-torta, casi simple.

Habita.—En las piedras de los *Cayos de S. Felipe* en Pinar del Rio (Wright).

C. Turcasiana Gundl.

Cylindrella Turcasiana Gundl. mss. Pfr. in Mal. Bl. VI. 1859. p. 99.
» » Pfr. Mon. Helic. V. p. 385.

Columela interna simple.

Habita.—En los paredones del *Monte Toro* y del *Yemen* en Guantánamo (Gundl.) y en los del ingenio «*El Coco*» en Sagua de Tánamo!

C. minuta Gundl.

Cylindrella minuta Gundl. mss. Pfr. in Mal. Bl. VI. 1859. p. 99.

Cylindrella minuta Pfr. Mon. Helic. V. p. 385.

Columela interna simple.

Habita.—En los paredones de *Monte Toro*, *Monte Líbano* y *Yateras* en Guantánamo (Gundl.).

C. gracillima Poey.

Cylindrella gracillima Poey Mem. I. p. 211. t. 12. f. 1-3.
» » Pfr. Mon. Helic. V. p. 385.

Columela interna filoso-torta.

Habita.—En las cercas de piedras de *San José de las Lajas!*

C. plumbea Wright.

Cylindrella plumbea Wright. mss. Pfr. in Mal. Bl. XI, 1864. p. 129.
» » Pfr. Novit. Conch. p. 262. t. 65. f. 20-22.; Mon. Helic. V. p. 386.

Columela interna con dos pliegues, uno poco prominente, el otro aun ménos pronunciado.

Habita.—En la hacienda *Isabel María* en la jurisdiccion de Pinar del Rio (Wright.).

C. Rugeli Shuttl.

Cylindrella Rugeli Shuttl. in Bern. Mittheil. 1852. p. 297.
» *Rugeliana* Poey Mem. 1. p. 397.
» *Rugeli* Pfr. Mon. Helic. V. p. 387.

Columela interna simple.

Habita.—En las piedras y paredones del *Pan* y *Palenque* de Matanzas (Gundl.), y del ingenio *San Luis* en Jaruco!

C. Hilleri Pfr.

Cylindrella Hilleri Pfr. in Mal. Bl. IX, 1862. p. 132.; Mon. Helic. V. p. 387.

Columela interna simple.

Habita.—En las piedras de *Sagua de Tánamo* (Wright.) y de *Picote* en Mayarí (Jeanneret).

C. cyclostoma Pfr.

Cylindrella cyclostoma Pfr. in Mal. Bl. 1855. p. 100. t. 5. f. 6. 7.; Mon. Helic. V. p. 387.

Columela interna simple.

Habita—En las piedras de las *Lomas de Camoa!* y de las *Cuevas de Cotilla!*

C. Wrighti Pfr.

Cylindrella Wrighti Pfr. in Mal. Bl. IX. 1862. p. 132.; Mon. Helic. V. p. 387.

Columela interna casi simple, circuida de un pliegue muy débil, algo torcida.

Habita.—En las piedras de *Cayo del Rey* en Mayarí (Wright).

C. Teneriensis Wright.

Cylindrella Teneriensis Wright. mss. Pfr. in Mal. Bl. XII. 1865. p. 121.
» » Pfr. Mon. Helic. V. p. 387.

Columela interna, dos pliegues en la primera vuelta; dos en la segunda, el anterior dilatado; en la tercera otros dos, el anterior muy dilatado y de forma cóncava, en las demas dos pliegues.

Habita.—En las piedras de la hacienda *La Teneria* en Guane (Wright).

C. macra Wright.

Cylindrella macra Wright mss. Arango in Poey Repert. II. 1867. p. 86.
» » Pfr. in Mal. Bl. XIV. 1867. p. 210; Mon. Helic. V. p. 388.

Columela interna «*lamella finissima torta, columella non recta sed subspiralis.*» (Gundl.).

Habita.—En las piedras de *Guane* (Wright.),

C. cinerea Pfr.

Cylindrella cinerea Pfr. in Zeitschr. f. Mal. 1850. p. 75.
» » Chemn. p. 52. t. 5. f. 39-41.
» » Mon. Helic. V. p. 388.

Habita.—En *Cuba* (Pfr.). No la hemos visto.

C. Philippiana Pfr.

Cylindrella Philippiana Pfr. in Phil. Icon. II. p. 50. t. 2. f. 12.
» *aculeus* Mor. Test. noviss. I. p. 12.
» » Poey Mem. I. t. 12. f. 7-10.
« *Philippiana* Pfr. Mon. Helic. V. p. 388.

Columela interna simple.

Habita.—En las cercas de piedra de *San José de las Lajas!*

C. plicata Poey.

Cylindrella plicata Poey Mem. II. p. 31. t. 2. f. 9. 10.
» » Pfr. Mon. Helic. V. p. 388.

Columela interna simple.

Habita.—En la piedras de las *Lomas de Candela* (Poey) y en las de *Sabana de Robles!*.

C. Camoensis Pfr.

Cylindrella Camoensis Pfr. in Mal. Bl. 1855. p. 100. t. 5. f. 8. 9..; Mon. Helic, V. p. 388.
» *modesta* Poey Mem. II. p. 9, 93.

Columela interna simple.

Habita.—En las piedras de *Camoa* [Gundl.]: la var. *modesta* en el *Pan de Matanzas* (Elliott).

C. scalarina Shuttl.

Cylindrella scalarina Shuttl. in Bern. Mittheil. 1852. p. 297.
» » Pfr. Mon. Helic. V. p. 389.

Columela interna filoso-torta.

Habita.—En los paredones del *Abra del Yumurí* en Matanzas! y en los de *Sitio Perdido* en Jaruco [Clerch].

Succinea.

S. brevis Dkr.

Succinea brevis Dkr., Pfr. in Zeitschr. 1850. p. 84.; Mon. Helic. V. p. 37.

Habita.—En Cuba [Gundl.] y en México.

S. aurea Lea.

Succinea aurea Lea in Proc. Amer. phil. Soc. 1841. II. p. 31.
» » Pfr. Mon. Helic. V. p. 35.

Habita.—En el cafetal *Buen Consejo!* al pié del Yunque de Baracoa.

Tambien se halla en *New-York*, *Ohio* y *México*.

S. nobilis Poey.

Succinea nobilis Poey Mem. I. p. 210. 213. t. 26. f. 25, 26.
» » Pfr. Mon. Helic. IV. p. 816.
Habita.—En *Cuba* (Poey).

S. macta Poey.

Succinea macta Poey Mem. II. p. 61.
Habita.—En *Cuba* en el *Cuzco* [N. de la Paz].

S. ochracina Gundl.

Succinea ochracina Pfr. in Mal. Bl. V. 1858. p. 42.; Mon. Helic. V. p. 38.
Habita.—En las plantas de la *Caimanera* en Gnantánamo [Gundl.] y de *Imias!* y *Cajobabo!* en Baracoa.
Tambien se halla en las *Islas Bahamas*.

S. Gundlachi Pfr.

Succinea Gundlachi Pfr. in Zeitschr. f. mal. 1852; p. 178. t. 1. f. 36-38; Mon. Helic. III. p. 624.
Habita.—En *Punta de Hicacos* (Gundl.)

S. Sagra Orb.

Succinea Sagra Orb. in Sagra p. 73. lám. 8. f. 1-3.
» » Pfr. Mon. Helic. II. p. 529.
Habita.—Eu lugares húmedos en la *Habana!*, *Almendares!*, *Pinar del Rio!*, y en *Contreras* cerca de Matanzas (Jim.).

S. tenuis Gundl.

Succinea tenuis Gundl. in Poey Mem. II. p. 88. t. 8. f. 21. 22.
» » Pfr. Mon. Helic, V p. 38.
Habita.—En *Trinidad* [Gundl.]

S. Arangoi Pfr.

Succinea Arangoi Pfr. in Mal. Bl. XIII. 1866. p. 140.; Mon. Helic. V. p. 39.
Habita.—En *San Migael* cerca de Jaruco! y en *Rangel* [Gundl.]

S. fulgens Lea.

Succinea fulgens Lea in Proc. Amer. phil. Soc. 1841. p. 32.
» » Poey Mem. I. p. 211. t. 26. f. 23. 24.
» » Pfr, Mon. Helic. IV. p. 817.
Habita.—En muchas localidades de la *Isla!*
Tambien vive en las *Bermudas*.

S. angustior Adams.
Succinea angustior Ad. Contrib. to conch. N° 3. p. 38.
» » Pfr. Mon. Helic. V. p. 39.
Habita.—En *Bayamo* (Gundl.).
Tambien vive en *Jamaica.*

Gen. Vaginulus.

V. occidentalis Güild.
Vaginulus occidentalis Güild. Linn. Trans. XIV. p. 323. t. 9. f. 9-12.
Onchidium Cubense Pfr. in Wiegm. Arch. 1840. p. 250.
Habita.—En los lugares húmedos de toda la *Isla!*

V. Sloanei Cuv.
Vaginulus Sloanei Cuv. Fér. hist. Prod. 14.
Habita.—Como la precedente, en los mismos lugares.

Especies repudiadas.

Las siguientes especies han sido indicadas como que habitan en Cuba; no siendo así las enumeramos acompañándolas de su verdadera patria.

Cyclostoma semilabre Lam.—*Haiti.*
Helicina flavida Mke. —*México* y *Guatemala.*
» **major Gray.** —*Jamaica.*
» **platychila Mlf.**—*Guadalupe* y *Martinica.*
» **trochulina Orb.**—*Puerto Rico.*
» **virginea Lea.**—*Haiti.*
» **zephyrina Duclos.** —*México.*
Helix arborea Say.—*Ohio, Masachussets.*
» **badia Fér.** —*Guadalupe, Martinica.*
» **Borni Chemn.** —*Puerto Rico.*

Helix caracolla L.—*Puerto Rico.*
» **Cassiquiensis Newc.** —*Demerara.*
» **compacta Lowe.** —*Porto Sancto.*
» **corrugata Gml.**—*Sicilia.*
» **euriomphala Pfr.**—*Guatemala.*
» **Humboldtiana Val.**—*Mexico.*
» **Gallo-pavonis Val.** —*Bahamas.*
» **Maderensis Lowe.**—*Madeira.*
» **marginata Müll.**—*Philipinas.*
» **microdonta Desh.**—*Bahamas?*
» **parilis Fér.**—*Martinica, Guadalupe.*
» **pisanoides Orb.,** an **pisana Müll.,** junior.
» **porcellana Grat.** —*Haití.*
» **similaris Fér.**—*Barbados, Brasil, Jamaica.*
» **trizonalis Grat.**—*Haití.*
» **vitrea Fér.** —*Isla de Batchian en las Molucas.*
Bulimus proletarius Pfr. —?
» **zebra Müll.** —*Mexico, Perú.*
Achatina virginea L.—*Haití, Guyana.*
Oleacina truncatula Gml.—*Florida, Nueva Orleans.*
Pupa contracta Say.— *Virginia, Massachussetts.*
» **decumana Fér.** —*Bahamas.*
» **tumidula Desh.** —*Guadalupe.*
Vertigo tenuidens Ad.—*Jamaica.*
Cylindrella brevis Pfr. —*Jamaica.*
» **gracillicoides Fér.** —*San Thomas.*
» **Laterradi Grat.**—*Haití.*
» **Maugeri Wood.**—*Jamaica.*
» **perplicata Fér.**—?
» **splendens Mke.**—?
» **subula Fér.**—*Jamaica.*

Especies introducidas.

Escaso es el número de las especies que hasta hoy se han introducido en la Isla: en el estado silvestre no encontramos en los campos mas que el **Bulimus decollatus** *L.*, que parece vino en plantas procedentes de Italia, que fueron sembradas en una finca del Sr. Bachiller y Morales, sita en San José de las Lajas, de donde se ha propagado de un modo prodigioso.

La **Helix lactea Müll.** y otras de este grupo, procedentes de España y Canarias, son importadas vivas como artículo de comercio para usos culinarios; pero que no se hallan vivas en los campos, tan sólo la testa muerta en los basureros y en las costas á donde las arrastran las lluvias y corrientes de los rios.

SUPLEMENTO.

Ctenopoma Tryoni Arango n. sp.

«Testa fere obtecta umbilicata, ovato oblonga, plerumque decollata, tenuis, plicis transversis irregulariter lamellata (non decussata) albida, anfr. superst. 3½ convexi, lente accrecentes, ad suturam canaliculatam (ob extremitatem plicarum) denticulati; ultimo anfractui contiguo adnatus; apertura circularis; peritrema duplicatum, internum rectum acutum, externum undique aequaliter patens, stria incrementi ornatum, sed laevissimum in parte adnata, infra incisuram lobulum umbilico fere claudentem, emittens.—Operculum normale.—Long. truncati 9, diam. 5 mill.

Habita.—Bebedero in *Pinar del-Rio* partis occidentalis.

Simile **Ct. sordidi.** Differt praecipue absentia costularum spiralium distantium.» (G.)

Dedicada al Sr. George W. Tryon, Director del American Journal of Conchology.

Helicina Mestrei Arango n. sp.

«Testa elongata, conica, tenuis, oblique striata, nitidula, sordide flavida; spira conica, apice concolore acuminata; anfractus 8 plani, ultimus angulatus; columella brevis, retrorsum in callum concolorem nitidum dilatata; apertura diagonalis rotundato semiovalis, intus concolor. Peritrema tenue expansum, margine supero levissime repando, basali versus columellam recto, acuto; umbilicus obtectus.—Operculum testaceum concolor.—Diam. maj. 4½ min. 4; alt. 7 mill.

Habita.—In provincia *Pinar del Rio*, loco Bebedero dicto.

Affinis **Hel. chrysochasmae.** Differt testa tenui, colore anfractubus planis et ultimo angulato» (G).

Como lo indica su nombre, esta especie la dedico al Sr. Dr. D. Antonio Mestre, Secretario General de la Real Academia de Ciencias médicas, físicas y naturales de la Habana.

Helicina Cisnerosi Arango n. sp.

«Testa conica, solidula, liris concentricis ornata, oleoso micans, rufescens, peritremate flavido-albicante; spira regulariter conica, vertice acuto; anfr. 6 convexiusculi, ultimus carinatus vel valde angulatus, carina testacea; callo columellari parvulo munitus; columella brevissime recedens; apertura obliqua, subtriangularis; peritrema simplex expansiusculum.—Operculum concolor.—Diam. maj. 3½ min. 2½, alt. 3 mill.

Habita.—In provincia *Pinar del Rio*, loco Bebedero dicto.

Testa quoad formam affinis **Hel. fusculae** sed sculptura sat altera primo visu distinguenda liris spiralibus anfractuum» (G).

Dedicada esta especie á mi distinguido amigo el Sr. D. Andrés M. de Cisneros, aficionado á la Malocología.

FLUVIALES UNIVALVOS.

FAM. LIMNAEADAE.

Gen. Limnaea.

L. Cubensis Pfr.
Limnaea Cubensis Pfr. in. Wiegm. Arch. 1839. p. 354.
» *umbilicata* Ad. in Bost. Journ. III. p. 325. t. 3. f. 14.
Habita.—En las lagunas y rios de toda la *Isla!*
Tambien se halla en *Puerto-Rico* y *S. Thomas.*

L. Francisca Poey.
Limnaea Francisca Poey, Mem. II. p. 32.
Habita.—En las lagunas del potrero *Omoa!* en Güines.

Gen. Physa.

Ph. Cubensis Pfr.
Physa Cubensis Pfr. in Wiegm. Arch. 1839. p. 354.
Habita.—En las lagunas y rios de toda la Isla!

Ph. Sowerbyana Orb.
Physa Sowerbyana Orb. in Sagra p. 101. lám. 13. f. 11-13.
» *Jamaicensis* Ad. Contr. to conch. 1851. p. 174.
Habita.—*Cuba*, localidad desconocida.
Tambien se halla en *Jamaica*.

Ph. striata Orb.
Physa striata Orb. in Sagra p. 102. lam. 13. f. 14-16.
Habita.—*Cuba*, localidad desconocida.

Gen. Planorbis.

Pl. affinis Ad.
Planorbis affinis Ad. Contr. to Conch. p. 44.
Habita —En las lagunas y rios de *Cárdenas* (Gundl.), *Güines!*
Tambien se halla en *Jamaica*.

Pl. Aracasensis Gundl.
Planorbis Aracasensis Gundl. in Pfr. Mal. Bl. 1857. p. 179.
Habita.—En las plantas de las lagunas de *Trinidad* (Gundl.)

Pl. caribaeus Orb.
Planorbis caribaeus Orb. in Sagra. p. 103. lam. 33. f. 17-19.
» *tumidus* Pfr. in Wiegm. Arch. 1839. p. 354.
Habita.—En las lagunas de la *Habana!*, *Cárdenas* (Gundl.) y en toda la Isla.
Tambien se halla en *Puerto-Rico* y *México*.

Pl. Havanensis Pfr.
Planorbis Havanensis Pfr. in Wiegm. Arch. 1839. p. 354.
» *Terverianus* Orb. in Sagra p. 104. lám. 13. f. 20-23.
Habita.—En las lagunas y pantanos de la *Habana!*, *Ciénaga de Zapata!* y otras localidades.
Tambien se halla en *Texas*.

Pl. lucidus Pfr.
Planorbis lucidus Pfr. in Wiegm. Arch. 1839. p. 354.
» *Lanierianus* Orb. in Sagra p. 104. lám. 14. f. 1-4.
» *taeniatus* Mor. Test. noviss. I. p. 17.
» *Redfieldi* Ad. Contr. to conch. p. 43.
Habita.—En las lagunas de Cárdenas (Gundl), *Habana!*, *Ciénaga de Zupata!* y otras localidades.

Tambien se halla en *Jamaica*, *Guadalupe* y *Puerto-Rico*.

Pl. stagnicola Mor.

Planorbis stagnicola Mor. Test. noviss. II. p. 14.

Habita.—En las lagunas y rios de toda la Isla!

Gen. Segmentina.

S. albicans Pfr.

Planorbis albicans Pfr. in Wiegm. Arch. 1839. p. 354.

» *dentatus* Gould. in Bost. Journ. IV. p. 496. t. 24. f. 14.

» *dentiferus* Ad. Contr. to conch. p. 17.

» *edentatus* Ad. Contr. to conch. p. 132.

Habita.—En las lagunas de toda la Isla.

FAM. ANCYLIDI.

Gen. Ancylus.

Acroloxus.

A. compressus Dkr.

Acroloxus compressus Dkr. in litt. teste Dr. Gundlach.

Habita.—En las lagunas de Cárdenas. (Gundl.)

A. Havanensis. Pfr.

Ancylus Havanensis Pfr. in Wiegm. Arch. 1839. p. 350.

» *pallidus* Poey. Men. II. p. 32. t. 2. f. 13, 14.

Habita.—En las plantas y piedras, de las lagunas y rios, en la *Habana!*, *San Miguel!*, cerca de Jaruco, Cárdenas, (Gundl.), Bejucal (Poey.)

A. radiatilis Mor.

Ancylus radiatilis Mor. Test. noviss. II. p. 17.

Habita.—En *Isla de Pinos* (Mor).

A. radiatus Guild.

Ancylus radiatus Guild. in Zool. Journ. p. 17.

Ancylus exentricus Mor. Test. noviss. p. 17.
Habita.—En *Cuba* (Mor).
Tambien se halla en la isla de *San Vicente*.

A. striatulus Dkr.
Acroloxus striatulus Dkr. in litt. teste Gundl.
Habita.—En *Cuba*.

Gen. Gundlachia.

G. ancyliformis Pfr.
Gundlachia ancyliformis Pfr. in Zeitschr. f. mal. 1849. p. 98.
- Habita.—En las lagunas de Cárdenas (Gundl.) y del paradero de *San Miguel* cerca de Jaruco!

G. Adelosia Bourg.
Gundlachia Adelosia Bourg. in Rev. Zool. 1862. p. 17.
Esta especie y la siguiente probablemente no son más que diversas edades de la **G. ancyliformis.**
Habita.—Con la precedente.

G. Poeyi Bourg.
Gundlachia Poeyi Bourg. in Rev. Zool. 1862. p. 16.
Habita.—Con las precedentes.

Gen. Poeyia.

P. Gundlachiodes Bourg.

Poeyia Gundlachiodes Bourg. in Rev. Zool. 1862. p. 19.
Habita.—En *Cárdenas* (G.), mezclada con la **Gundlachia.**

Gen. Ampullaria.

A. conica Wood.
Helix ampullacea Chemn. Conch. IX. t. 128. f. 1135.
» *conica* Wood, Ind. Suppl. t. 7. f. 22.
Ampullaria conica Gray in Wood Suppl. p. 29.
» *Chemnitzii* Phil. Mon. Ampull. p. 39. t. 10. f. 5.?
» *conica* Pfr. Novit. conch. p. 51. t. 14. f. 1—5.

Habita.—En las lagunas, rios y ciénagas de toda la Isla.

A. reflexa Swains.

Ampullaria reflexa Swains in Tilloch's Phil. Mag. vol. 61. p. 337.; Zool. Ill. III. t. 172.

» » Phil. Mon. Ampull. p. 12. 35. 58,

» » Pfr. Novit. conch. p. 50. t. 13. f. 1—9,

Habita.—Como la anterior en *Güines*.

A. teres Phil.

Ampullaria teres Phil. in Zeitschr. f. mal. 1849. p. 19; Mon. Ampull. p. 38. t. 10. f. 4.

» *Cubensis* Mor. Test. noviss. I. p. 24.

» *teres* Pfr. Novit. conch. p. 52. t. 14. f. 6---9.: t. 15. f. 1---6.

Habita.---Como las anteriores en toda la Isla, especialmente en Güines.

Gen. Paludina.

P. Bermondiana Orb.

Paludina Bermondiana Orb. in Sagra p. 151. lám. 10. f. 6. 7.

Habita.—En el rio *Hanábana* (Gundl).

Gen. Paludinella.

P. helicoides Gundl.

Paludinella helicoides Gundl. in Poey Rep. 1865. p. 70.

Habita.—En las costas cenagosas, debajo de las piedras y palos podridos en *Cárdenas* (Gundl.) y *Matanzas!*.

P. succinea Pfr.

Paludinella succinea Pfr. in Wiegm. Arch. 1840. p. 253.

Habita.—Como la anterior en la *Habana!*, *Matanzas!*, *Cardenas* (Gundl.) y *Guantánamo* (Gundl.)

Gen. Amnicola.

A. coronata Pfr.

Amnicola coronata Pfr. in Wiegm. Arch. 1840. p. 253.

Amnicola cristallina Pfr. in Wiegm. Arch. p. 253.
Paludestrina Auberiana Orb. in Sagra p. 152. lám 10. f. 6. 7.
» *affinis* Orb. in Sagra p. 152. t. 10. f. 8.
» *Candeana* Orb. in Sagra p. 153. t. 10. f. 13, 14.
Melania spinifera Ad. in Proc. Bost. Soc. p. 17.
Paludina Jamaicensis Ad. }
» *anthracina* Migh. } doc. Shuttl.
» *cisternicola* Mor. }

Habita.—En los rios y arroyos de toda la Isla.

Tambien se halla en la mayor parte de las Antillas.

FAM. MELANIDAE.

Gen. Melania.

M. cubaniana Orb.

Melania cubaniana Orb. in Sagra. p. 154. lám. X. f. 16.
» *ornata* Poey Mem. I. p. 422. t. 33. f. 5.6.
» *attenuata* Anth. mss. Rve. Conch. ic. f. 438. 1861.

El Sr. Brod (Cat. of the Rec. sp. of the Family Melanidae p. 273) pone la **M. attenuata Anth.**, en la sinoniinia de la **M. conica Orb.**, lo que no es posible porque la variedad **attenuata** solo se diferencia de la **M. ornata Poey** en que carece de las series de puntos negros á que alude el nombre.

Habita. En los rios y arroyos de toda la *Vuelta-abajo*.

M. pallida Gundl.

Melania pallida Gundl. in Poey Mem. II. p. 16. t. I. f. 15.

Esta especie parece una variedad local de la anterior; pero como aún no he hallado transiciones, las mantengo separadas.

Habita.—En los arroyos que afluyen al rio *Maniman* por otro nombre *San Diego de Tapia* (Gundl.)

M. nigrata Poey.

Melania conica Orb. in Sagra p. 154. lám. 10. f. 20,
» *nigrata* Poey Mem. II. p. 33. 93.

Melania nigrita (Poey) Rev.: doc. Brot.
» *gemella* Rev.: doc. Brot.

Habita.—En los arroyos del *Yunque de Baracoa!*, *Guantánamo* y *Trinidad* (Gundl.) y de *San Juan de los Remedios* (Ruiz.) He notado que esta especie no vive en sitios bajos, sino en los más altos de las montañas.

M. brevis Orb.

Melania brevis Orb. in Sagra p. 154. lám. 10. f. 15.
» *zebra* Brot Mater. p. 43 (1862).
» *brevis* Brot Cat. of. the Rec. sp. the Fam. Mel. p. 277.

Habita.—En los arroyos y rios confluentes al *San Diego de Tapia* y de *Guajaibon* y *Rancho Lúcas* (Gundl).

FAM. NERITINIDAE.

Gen. Neritina.

N. punctulata Lam.

Neritina punctulata Lam. Encycl. méth. t. 455. f. 2.
Neritina punctulata Sowb. Conch. Ill. f. 21.
» » Orb. in Sagra. p. 176.

Habita.—En el rio de *Miel de* Baracoa!.
Tambien en los de *Jamaica* y *Guadalupe*.

N. reclivata Say.

Theodoxus reclivatus Say in Journ. A. N. Sc. Phil. II. p. 257, (1822).
Neritina microstoma Orb. in Sagra p. 177. lám. 17. f. 36.
Neritella reclivata Say, Binney Land and fresh-wat. shells of. N. A. p. 101. 103.
Neritina Floridana Shuttl.: doc. Binney.

Habita.—En los rios de *Santiago de Cuba* (Gundl.), en los de *Baracoa!* y en el de la *Chorrera!*, cerca de la Habana.

N. virginea Lam.

Nerita virginea Lam. An. s. vert. t. VI. 2.ª part. p. 187.

Nerita virginea Sowb. Conch. Ill. f. 27.
» » Orb. in Sagra p. 174.
Hebita.—En los rios de toda la *Isla*! hacia su desembocadura. Tambien en la mayor parte de las *Antillas*.

Especies repudiadas.

Physa acuta Dr.—*Sicilia.*
Planorbis cultratus Orb.—*Martinica.*
» **trivolvis Say.**—*Estados Unidos.*
Melanopsis lineolata Gray.—*Jamaica.*

FLUVIALES BIVALVOS.

FAM. CYCLADAE.

Gen. Pisidium.

P. consanguineum Prime.
Pisidium consanguineum Prime Mon. Amer. Corb. p. 76. f. 86.
» *Gundlachi* Arango in Poey Rep. II. p. 271.
Habita.—En los rios y arroyos de toda la *Isla!*.

Gen. Sphaerium.

Sp. Cubense Prime.
Sphaerium Cubense Prime Mon. Amer. Corbicul. p. 58. f. 60.
Habita.—En los mismos lugares que la anterior especie.

FAM. NAIADAE.

Gen. Unio.

U. Gundlachi Dkr.
Unio Gundlachi Dkr. in Mal. Bl. 1858. p. 228.
Habita.—En los rios de toda *Vuelta-Abajo!*.

U. scamnatus Mor.
Unio scamnatus Mor. Test. Noviss. I. p. 30.
Habita.—Con el anterior.

MOLUSCOS UNIVALVOS MARINOS.

CEPHALOPODA.

FAM. OCTOPIDAE.

Gen. Octopus.

O. rugosus Bosc.

Sepia rugosa Bosc., Actes de la Soc. d' Hist, nat. p. 24, tab. 5, f. 1,2. 1792. mala fig.

Octopus granulatus Lam. Mém. de la Soc. d' Hist. nat. de Paris p. 20, tab. I. (1799).

Sepia granulosa Bosc., Buff. de Deterville, vers. p. 47, tab. I.

Octopus Barkeri (Fer.) Orb. Tableau des Cephal. p. 54, nº 3. (1826).

» *Americanus* Blainv Dict. des Sc. nat. f. XLIII, p. 189. (1826).

Octopus rugosus Orb. ni Sangre, p. 9.

Habita.—Segun d' Orbigny, en las *Antillas*, *Senegal*, *Manila* y sobre todo en *Martinica* y *Guadalupe;* de suerte que es casi seguro que habita en las aguas de *Cuba.*

O. tuberculatus Raf.?

Octopus ruber Raf.?, Precis des decouv. Somiol, p. 28, n.° 70.?.
» *tuberculatus* Blainv., Dict. des Sc. nat. p. 187, tab. XLIII. (1826).
» » Orb. in Sagra, p. 8.

Habita en *Cuba* y otros países (Orb.)

O. vulgaris L.

Octopus vulgaris L., Gml. ad. XIII. p. 3149.
» *appendiculatus* Blainv., Dict. des Sc. nat. tab. XLIII. p. 185, 186, (1826).
» *vulgaris* Orb. in Sagra, p. 6, tab. I, f. I.

Especie muy abundante en las costas de *Cuba!* Se expende en los mercados, siendo solicitado como manjar sabroso. Su carne quemada es un excelente cebo para la pesca de crustáceos del género *Palinurus.* El vulgo lo conoce con el trivial de **Pulpo.**

Gen. Philonexis.

Ph. Quoyanus Orb.

Philoneuxis Quoyanus Orb., Voy. dans l' Amer. mérid. Moll. p. 17, pl. 11, f. 6—8 (1835).
» » Orb. in Sagra, p. 10.

Habita en las *Antillas* (Orb).

Gen. Argonauta.

A. argo L.

Argonauta argo L. Syst. nat. X, p. 708. (1758).
Ocythoe tuberculata Raf., Precis de decouv, Somiol., p. 92. (1814).

Ocythoe antiquorum Leach, Zool. miscell., p. 139. (1817).
Argonauta argo Orb. in Sagra, p. 11.

Habita segun d'Orbigny en las *Antillas, Mediterráneo, Mar Rojo, Cabo de Buena Esperanza* y en la *India*. En varias colecciones de Cuba lo he visto, y como es pelágico no dudo que llegue á nuestras costas arrojado por las corrientes y los tiempos.

A. hians Sol.

Argonauta hians Sol., Portland catal. p. 44.
» *nitida* Lam. Ann. s. vert. 2ª ed., VII, p 653 (1822)
» *hians* Orb. in Sagra, p. 13.

Habita.—Pelágica y como tal es arrojado á las costas, como la especie anterior.

FAM. SEPIADAE.

Gen. Cranchia.

C. scabra Leach

Cranchia scabra Leanch, 1817, Tuckey exped. to Zaire, apénd. n.° 4, p. 410.
» » Leach, 1818, Vay. au Zaire, trad. franc., atlas, p. 13, pl. 18, f. 1.
» » Orb., 1825, Tabl. méth. de la class. des Cephal., p. 58.
» » Orb. in Sagra, p. 15.

Habita en los mares de las *Antillas* (Gandé), *Africa* (Leach.), *Australia* (Bennet).

Gen. Sepia.

S. antillarum. Orb.

Sepia antillarum Orb. in sagra, p. 16.
Habita en las *Antillas* (Orb).

FAM. LOLIGIDAE.

Gen. Sepiotheuthis.

S. sepioidea Lam.

Sepia officinalis Lam., Ann. s. vert. f. I. p. 668. (1822).

Loligo sepioidea Blainv., Journ. de Phys. p. 133 (1823).

Sepiotheuthis Blainvillianus (Fer.) Orb. Tab. méth. des Cephal. p. 65. (1825).

Sepia affinis (Fer) Orb. loc. c. p. 66, n.º 3.? (1825).

» *biserialis* Blainv., Dict. des Sc. nat. f. XLVIII, p. 284.?.

Sepiotheutis biangulata Rang, Mag. de Zool., p. 73, pl. 98. (1837).

» *sepioidea* Orb., in Sagra, p. 17.

Habita en *Cuba* y *Martinica* (Orb).

Gen. Loligo.

L. Brasiensis Blainv.

Loligo Brasiliensis Blainv., Dict. des Sc. nat., f. XXVII, p. 141. (1823).

» *Poeyanus* Fér., Glanches des Calmars n.º 19, f. 1—3.

» *Brasiliensis* Orb. in Sagra, p. 18.

Habita en los mares de *Cuba!* hallándose muchas veces dentro de la bahía de la *Habana*. Se expende en los mercados por lo delicado de su carne: es conocido con el nombre trivial de **Calamar**.

L. Plei *Blainv.*

Lolilo Plei Blainv., Journ. de Plys., p. 132.

» » Orb. in Sagra, p. 19.

Habita el mar de las *Antillas*, *Martinica* (Orb).

FAM. SPIRULIDAE.

Gen. Spirula.

S. prototypus Peron

Nautilus exiguus Lister, Hist. sive synop., caput. I, lib. IV. (1686).

Litus minor Brown, The nat. hist. of Jamaica p. 398 (1756).

Nautilus Spirula Schr. Einleitung, t. I, p. 13.

Spirula fragilis Lam., Ann. s. vert., p. 102 [1801]

» *prototypus* Peron, atlas, Voy de decouvertes. [1804].

» *Peronii* Lam., Ann. s. vert.. t. VII, p. 601 [1822]

» *fragilis* Orb. in Sagra, p. 25.

Habita en *Cuba!*, *Bahamas* [Raw.] y en todo el mundo.

PTEROPODA.

FAM. HYALAEIDAE.

Gen. Hyalaea.

H. flava Orb.

H. flava Orb., Voy. dans l' Amér. merid., pl. 5, f. 21—25.

Habita en los *trópicos* [Jay].

H. gibbosa [Raug.] **Orb.**

Hyalaea gibbosa [Rang] Orb. Voy. daus l' Amér. mer., p. 95. pl. 5, f. 16—20.
» » Orb. in Sagra, p. 31.
Habita el mar de las *Antillas* [Candé], *Cuba!*

H. inflexa Lessueur.
Hyalaea inflexa Lessueur, Bull. de la Soc. philom., t. XIII, n° 69, f.4 a. b. c. d.
» » Orb. in Sagra, p. 34.
Habita el mar de las *Antillas* [Orb].

H. labiata Orb.
Hyalaea labiata Orb., Voy. dans l' Amér. mer., p. 104, pl. VI, f. 21—25. [1836].
» » Orb. in Sagra, p. 33. lam. II. f. 9—12.
Habita el mar de las *Antillas. Cuba* (Orb.)

H. limbata Orb.
Hyalaea limbata Orb., Voy. dans l' Amér. mer., p. 101, pl. VI. f. 11—15.
» » Orb. in sagra, p. 33, lam. II., f. 5—8.
Habita el mar de las *Antillas* [Orb].

H. longirostra Lessueur.
Hyalaea longirostra Lessueur. Blainv. Dict. des Sc. nat., t. XXII, p. 81 [1822].
» » Orb. in Sagra, p. 32.
Habita el mar de las *Antillas* [Orb].

H. quadridentata Lessueur.
Hyalaea quadridentata Lessueur, Blaiv. loc. c. p. 81.
» » Orb. in Sagra, p, 31.
Habita el mar de las *Antillas* [Orb].

H. tridentata Gml.
Anomia tridentata Gml., Syot. nat., ed. 13, p. 3348 (1789).
Cavolina natans Abild., Soc. d'hisi. nat. de Copen., t. I, 2ª part. t. 10.
Hyalaea papilionacea Bory. Voy. Vol. I, p. 137, pl. 5.
» *cornea* Roissy, Ruff. de Son., tab. V, p: 73.
» *Forskalii* Lessueur, Orb. Voy. dans l' Amér. mer. p. 89, tab. V. p. 1—5.

Hyalaea tridentata Orb. in Sagra, p. 29.
Habita el mar de las *Antillas* (Orb).

H. trispinosa Lessueur.

Hyalaea trispinosa Lessueur, Blainv. Dict. des Sc. nat. t. II. p. 82 [1822].
» » Orb. in Sagra, p. 45.
» » Pourt., Bull. Mus. Comp. Zool. Cambridge p. 107.
Habita el mar de las *Antillas* [Orb]., *Cuba* [Pourt].

H. uncinata Rang

Hyalaea uncinata Rang, Orb. Voy dans l' Amér. mer. p. 93, t. V. f. 11—15.
» » Orb. in Sagra, p. 30, lam. II, f. 1—4.
» » Pourt., Bull. Mus. Comp. Zool. Cambridge, p. 107.
Habita en las *Antillas* [Orb], *Cuba* [Pourt.

Gen. Cleodora.

C. cuspidata Bosc.

Hyalaea cuspidata Bosc, Buff. de Deterville, t. II, p. 328, t. 9. f. 5—7 [1802].
Cleodora Lessonii Rang; Lesson Voy. de la Coquilla tab. 10, f. 1.
» *quadrispinosa* Rang, Lessou loc. c. tab. 10, f. 2.
» *cuspidata* Orb. in Sagra, p. 36.
Habita en *Cuba* y el mar de las *Antillas* [Orb.]

C. pyramidata Brown.

Clio pyramidata Brown., hist. of Jamaica, p. 336, t. 43. f. 1 [junior]. (1756).
» *caudate* Brown.. loc. cit.
Hyalaea lanceolata Lessueur, Nouv. bull. de la Soc. philom. t. III, p. 69, tab. 5, f. 3. [1813].
Cleodora pyramidala Orb. in Sagra. p. 35.
Habita el mar de las *Antillas* [Orb.] *Cuba!*

Gen. Cresseis.

C. aciculata Rang.

Creseis aciculata ⎧ Rang, Ann. des Sc. nat. t. XIII, tab. 17,
» *clara* ⎩ f. 5, 6, (1828).
» *aciculate* Orb. in Sagra, p. 40.

Habita el mar de las *Antillas* (Orb).

C. corniformis Orb.

Hyalaea corniformis Orb. Voy. dans l'Amér. mér. p 111 (1836).

Cresseis corniformis Orb, in Sagra, p. 39.

Habita el mar de las *Antillas*. (Orb)..

C. striata Rang.

Cresseis striata Rang, Ann. des Sc. nat. t. XIII, tab. 17. f. 2. [1828].
» » Orb. in Sagra, p. 39.

Habita el mar de las *Antillas* [Orb].

C. subula Q. et G.

Cleodora subula Q. et G., Ann. des Sc. nat. t. X, p. 233. tab. 8, f. 1,

Cresseis opinifera Rang, Ann. des Sc. nat. t. XIII, t. 18, f. 1.

Cresseis subula Orb. in Sagra, p. 38.

Habita muy frecuentemente en las costas de *Cuba* Orb. y demás Antillas.

C. virgula Rang.

Cresseis virgula Rang, Ann, des Sc. nat. t. XIII, tab. 17, f. 2. (1828).
» » Orb. in Sagra, p. 38.

Habita en el mar de las *Antillas* [Orb].

Gen. Cuvieria.

C. obtusa Q. et G.

Cleodora obtusa Q. et G., Voy. de la Uranie. tab. 6 f. 5.

Cuviera columella Rang, Ann. des Sc. nat. t. XII, tab. 45 (1828).
» *obtusa* Orb. in Sagra, p. 40.
Habita en *Cuba!* y en el mar de las *Antillas.* (Orb).

Gen. Spirialis.

Sp. rostrata Ey. et Soul.
Spirialis rostrata Ey. et Soul. Pourt. Bull. Mus. Comp. Zool: Cambridge, p. 107.
Habita en *Cuba* (Pour.)

GASTROPODA.

FAM. ATLANTIDAE.

Gen. Helicophlegma.

H. Keraudreni Rang.
Atlanta Keraudreni Rang, Orb. Mém. de la Soc. d'hist. nat. III, p. 380, t. 9, f. 7.
Helicophlegma Keraudreni Orb. in Sagra, p. 47.
Habita en el mar de las *Antillas* (Orb.)

H. Candei Orb.
Helicophlegma Candei Orb. in Sagra. p. 48, lam. 2, f. 15–17.
Habita en el mar de las *Antillas* (Orb.)

Gen. Atlanta.

A. Peronii Lessueur.

Atlanta Peronii Lessueur, Journ. de Phys. 85, tab. 2. f. 1. p. 390.

» » Orb. in Sagra, p. 49.

» » Pourt. Bull. Mus. Comp. Zool. Cambridge, p. 107.

Habita en los mares de *América* (Orb.) *Cuba* (Court.)

Gen. Heliconoides.

H. bulimoides Orb.

Atlanta bulimoides Orb. Voy. dans l'Amér. mér. 179. tab. 12, f. 36–38.

Heliconoides bulimoides Orb. in Sagra, p. 51.

Habita en las *Antillas* (Orb.)

H. inflata Orb.

Atlanta inflata Orb. Voy. dans l'Amér. mér. p. 174, tab. 12, f. 16–19.

Heliconoides inflata Orb. in Sagra, p. 50.

Habita en el mar de las *Antillas*, donde ha sido pescada muy cerca de las costas de *Cuba* por d'Orbigny.

H. trochiformis Orb.

Atlanta trochiformis Orb Voy dans l'Amér. mér. p. 117, tab.

Heliconoides trochiformis Orb. in Sagra, p. 50.

Habita en las costas de *Cuba* (Orb.)

FAM. EOLIDAE.

G. Glaucus.

G. radiatus Gml.

Doris radiata Gml. Syst. nat. ed. 13, p. 3105. (1789).

Glaucus atlanticus Forster, Blumenbach, 1800, Abbildungen número 48 (fig. mala).
Seyllaea margaritacea Bosc. Buff. de Deterville, Vers (1802).
Glaucus hexapterigius Cuv., Ann. du Mus. tom. VI, p. 427, (1805].
» *australis* Peron, Ann. du Mus. t. XV, p. 66, tab. 3, f. 9. (1810).
» *Forsteri* Lam. Ann. s. vert. t. VI, p. 300. (1829).
» *pacificus* }
» *Boscii* } Lesson, Voy. de la Coquille, p. 288. (1830).
» *Peronii* }
» *radiatus* Orb. in Sagra, p. 51, lám. III.
Habita en *Cuba!* y en el mar de las *Antillas*. (Orb.)

FAM. UMBRELLIDAE.

Gen. Umbrella.

Umbrella.....?
Habita: hallada por dos veces en las costas de la bahía de *Matanzas*.

FAM. APLYSIDAE.

Gen. Aplysia.

A. Protea Rang.
Aplysia Protea Rang, Mon. des Aplis. p. 56, tab. 10, f. 1–3.
» » Orb. in Sagra, p. 58.
Habita en *Cuba!* muy abundante en poca profundidad. Se ha-

lla tambien en *San Thomas* y *Santa Cruz* (Mörch), en *Bahamas* (Krebs) y en *Martinica*, donde es conocida con el nombre vulgar de **barril de vino.**

Gen. Notarchus.

N. Pleii Rang.
Aplysia Pleii Rang, Mon. des Aplys. p. 70, tab. 21.
Notarchus Pleii Orb. in Sagra, p. 59.
Habita en los *Fucus* del mar de las *Antillas* (Orb.), y tambien *San Thomas* y *Santa Cruz* (Mörch).

FAM. BULLIDAE.

Gen. Bullaea.

B. Candeana Orb.
Bullaea Candeana Orb. in Sagra, p. 60, lam. IV, f. 1–4.
Habita en la isla de *Guadalupe* y probablemente en *Cuba* (Orb.).

Gen. Bulla.

B. Acuta Orb.
Bulla acuta Orb. in Sagra, p. 64, lam. IV, f. 17–20.
Habita en *Cuba* y todas las *Antillas*. (Orb.).

B. Antillarum Orb.
Bulla Antillarum Orb. in Sagra, p. 63, lam. IV, f. 9–12.
Habita en *Cuba!* y tambien en *San Thomas* .(Orb).

B. Auberi Orb.
Bulla Auberi Orb. in Sagra, p. 65, lam. IV bis, f. 5–8.

B. bidentata Orb.
Bulla bidentata. Orb. in Sagra, p. 53, lam. IV, f. 13–16.

Habita en *Cuba, Jamaica, S. Tomas y Martinica.* (Orb.).

B. Canaliculata Orb.

Bulla canaliculata Orb. in Sagra, p. 68, lam. IV bis, f. 21–24.
Habita en *Cuba!* (Poey! Gundl.!). Abunda en *Guadalupe* (Petit).

B. Candei Orb.

Bulla Candei Orb. in Sagra, p. 65, lam. IV bis, 1–4.
Habita en *Cuba!* y tambien en *Martinica, Guadalupe, S. Thomas* y *Jamaica* [Orb.], donde abunda.

B. Caribaea Orb.

Bulla Caribaea Orb. in Sagra, p. 64, lam. IV, f. 21–24.
Habita en *Cuba!*, *Bahamas* [Raw.] y tambien en *Jamaica, Guadalupe, S. Thomas* y *Martinica* [Orb.] donde es abundante.

B. Guildingii? var. **Sowb.**

Bulla Guildingii? Sowb. var.
Habita en *Cuba!* donde la he hallado con alguna abundancia en la ensenada de *Marimelena* da la bahía de la Habana.

B. maculosa Mart.

Bulla maculosa Mart. CC Vol. I. p. 290. tab. 22, f. 202.
» *striata* Brug, Dict. nº 3, Encycl. pl. 358, f. 2 A. B.
» *media* Phil.
Habita en abundancia en *Cuba!*, *Bahamas* [Raw.] y en todas las *Antillas.*

B. Petitii Orb.

Bulla Petitii Orb. in Sagra, p. 66, lam. IV bis, f. 13–16.
Habita en *Cuba!* rara, *Bahamas* [Raw.].

B. recta Orb.

Bulla recta Orb. in Sagra, p. 67, lam. IV bis, f. 17–20.
Habita en abundancia en *Cuba!* y tambien en *Guadalupe* ó *S. Thomas* [Orb.].

B. Sagra Orb.

Bulla Sagra Orb. in Sagra, p. 62, lam. IV, f. 5–8:
Habita en *Martinica* (Orb.).

B. Sulcata Orb.

Bulla Súlcata Orb. in Sagra, p. 66, lam. IV bis, f. 9–12.

Habita en *Cuba!*, y tambien en *S. Thomas* y *Guadalupe*. [Orb.].

B. undata Brug.

Bulla undata Brug., Encycl. méth. t. I. p. 380.
» *nitidula*. Dillw. Catal. t. I. p. 483.
» *Ferussaci* Q. et G. Zool. de l'Uranie f. 60–62.
» *undata* Orb. in Sagra, p. 68.

Habita en *Cuba!*

B. virgata Mart.

» *physis* Q. et G. [nec L.].
» » Orb. in Sagra, p. 67.

Habita en *Cuba!* Abundante en la *Habana!* y *Matanzas!*, Tambien se halla en *Guadalupe*.

FAM. LITTORINIDAE.

G. Littorina.

L. Carinata Orb.

Littorina carinata Orb. in Sagra, p. 114, lam. XV, f. 1–4.

Habita en los arrecifes de toda la costa de *Cuba!* en gran abundancia. Tambien en *Bahamas* [Raw.]. Pertenece al subgénero **Melaraphis Muhlf.**

L. columellaris Orb.

Littorina columellaris Orb. Voy. dans l'Amér. mérid. n? 284. [1840].
» » Orb. in Sagra, p. 116, lam. XV, f. 18–20.

Habita en los mangles y palos de los muelles de la isla de *Cuba!* Tambien en Guadalupe [Beau]. Pertenece al subgénero **Melaraphis Muhlf.**

L. dilatata Orb.

Littorina dilatata Orb. in Sagra, p. 112, lam. XIV, f. 20–23.

Habita en gran abundancia en los arrecifes de toda la isla de

Cuba! y tambien en *Guadalupe* [Petit]. Pertenece al género **Tectarius Val.**

L. Hidalgoi Arango.

Littorina Hidalgoi Arango mss.

Esta especie hace algun tiempo fué remitida al Sr. Hidalgo de Madrid para que publicara su descripcion; ha sido confundida hasta ahora con la **L. zig zag** Chemn., de la cual se distingue fácilmente por su tamaño mucho menor y su ombligo muy abierto.

Habita en número regular en los arrecifes de las cercanías de la *Habana!* y la *Chorrera!*

L. Lineata Lam.

Phasianella lineata Lam. Ann. s. vert., t. VII, p. 57 [1822].

Littorina lineata Orb. in Sagra, p. 113, lam. XIV, f. 25.

Habita en gran abundancia en todos los arrecifes de la isla de *Cuba!* Tambien en *Martinica* y *Brazil* (Orb.). y en *Bahama.* [Raw.]. Pertenece al subgénero **Melaraphis Muhlf.**

L. mespilum Mühlf.

Littorina mespilum Mühlf. Verh. der berl. Ger. [1829].

» *fusca* Pfr. in Wiegm. Arch.

» *naticoides* Orb. in Sagra, p. 117, lam. XV, f. 21–23.

Habita en gran abundancie en los arrecifes de la isla de *Cuba!* así como tambien en *Bahamas* [Raw. Krebs]. Pertenece al subgénero **Neritoides Brown.**

L. Muricata L.

Turbo muricatus L. Syst. nat. ed XII, p. 1232.

Littorina muricata Orb. in Sagra, p. 111, lam. XIV, f. 9–10.

Habita lo mismo que la anterior. Pertenece al género **Pagodus Gray.**

L. nebulosa Lam.

Littorina nebulosa Lam., Deles. Rec. tab. 37, f. 12.

Habita en los mangles de las costas de *Cuba!* Pertenece al género **Melaraphis Muhlf.**

L. nodulosa Wood.

Turbo tuberculatus Wood, Ind. test. Suppl. p. 19. 57, tab. 6, f. 30.

Littorina nodulosa Pfr.
» *tuberculata* Orb. in Sagra, p. 112, lam. XIV, f. 15-19.

Habita en gran número en los arrecifes de toda la isla de *Cuba!* y tambien en *Guadalupe* [Beau]. Pertenece al género **Tectarius Val.**

L. scabra Lam.

Phasianella angulifera Lam. [nec Q.]. Ann. s. vert. p. 244.
Littorina scabra Orb. [nec L.] in Sagra, p. 116, lam. XV, f. 15-17.

Habita en los mangles de las costas de *Cuba!* y tambien en *Martinica*, *Guadalupe* y *Jamaica* (Orb). y en Bahamas [Raw.]. Pertenece al subgénero **Melaraphis Muhlf.**

L. tessellata Phil.

Littorina tessellata Phil. Abb. vol. II., p. 226, tab. V, f. 25.
» *undulata* Orb. in Sagra, p. 115, lam. V., f, 12-14.

Habita en *Cuba!* como la anterior. Tambien en *Guadalupe* [Petit]. Pertenece al subgénero **Melaraphis Muhlf;**

L. tigrina Orw.

Littorina tigrina Orb. in Sagra, p. 115, lam. XV, f. 9-11.

Habita en *Cuba*! como la anterior. Pertenece al subgénero **Melaraphis.**

L. trochiformis Dillw.

Turbo trochiformis Dillw., Phil. Icon. tab. 2, fig. 12-15.
Trochus nodulovss Gml. Syst. nat. ed. 13, p. 3582.
Littorina nodulosa Orb. in Sagra, p. 111, lam. XIV, f. 11-14.

Habita en abundancia en los arrecifes de toda la isla de *Cuba*! Tambien en *Martinica*, *Jamaica* y *Santa Lucía*, en *Guadalupe* [Petit] y en *Bahamas* [Raw.]. Pertenece al gènero **Tectarius Val.**

L. zig zag Chemn.

Trochus zic zak Chemn. Conch. t. V. p. 68, tab. 166, f. 1599.
Littorina zig-zag Orb. in Sagra, p. 114, lam. XV, f. 5-8.

Habita en *Cuba*! como la anterior. Tambien en *Martinica* [Orb]. y en *Bahamas* (Raw.). Pertenece al subg. **Melaraphis Muhlf.**

FAM. PYRAMIDELLIDAE.

Gen. Pyramidella.

P. dolabrata L.

Trochos dolabratus L. Syst. nat. ed 12. p. 1231.

Helix terebella Müll. Test. p. 123.

Pyramidella dolabrata Orb. in Sagra, p. 125.

Habita en las costas de *Cuba!* donde ne es rara. Tambien en *Guadalupe* (Beau); y en *Bahamas* (Raw. Krebs). Esta especie y las dos que le siguen pertenecen al género **Obeliscus** Humfrey.

P. Gundlachi Dkr.

Pyramidella Gundlachi Dkr. in litt.

Habita en *Cuba*! (Gundlach.).

P. tessellata Ad.

Pyramidella tessellata Ad.

Habita en *Cuba!* (Poey).

Gen. Odostomia.

O. gemmulosa? Ad.

Odostomia gemmulosa? Ad.

Habita. Se halla abundante en la arena recogida en la *Playa del Chivo!*

O. pusilla Pfr.

Achatina pusilla Pfr. in Wiegm. Arch. I. p. 252. (1840).

Habita. Se halla en abundancia en la arena recogida en la desembocadura del rio de la *Chorrera!*

Gen. Tornatella.

T. punctata Orb.
Tornatella punctata Orb. in Sagra, p. 126, lam. XVII. f. 10-12.
Habita en *Cuba!*, *S. Thomas*, *Jamaica*, *Martinica* y *Guadalupe* (Orb.).

Gen. Chemnitzia.

Ch. cancellata Orb.
Chemnitzia cancellata Orb. in Sagra, p. 123, lam. XVII. f. 1-3.
Habita. Muy abundante en la arena recogida en la *Playa del Chivo!*

Ch. dubia Orb.
Chemnitzia dubia Orb. in Sagra, p. 124, lam. XVII. f. 4-6.
Habita, lo mismo que la anterior.

Ch. elegans Orb.
Chemnitzia elegans Orb. in Sagra, p. 122, lam. XVI, f. 25-27.
Habita en *Guadalupe* (Orb.).

Ch. laevigata Orb.
Chemnitzia laevigata Orb. in Sagra, p. 125, lam. XVII, f. 7-9.
Odostomia nitida Elder: doc. Krebs.
Habita en *Cuba!* (Gundlach).

Ch. modesta Orb.
Chemnitzia modesta Orb. in Sagra, p. 122, lam. XVI, f. 22-24.
Habita en *Jamaica* (Orb.).

Ch. ornata Orb.
Chemnitzia ornata Orb. in Sagra, p. 121, lam. XVI, f. 18-21.
Habita. Hallada en las arenas recogidas en las costas de

Cuba! y tambien en *Martinica, Guadalupe* y *S. Thomas* (Orb.).

Ch. pulchella Orb.

Chemnitzia pulchella Orb. in Sagra, p. 121, lam. XVI, f. 14–17.

Habita. Abunda en las arenas recogidas en las costas de *Cuba!* y tambien en *Martinica, Guadalupe y San Thomas* (Orb.).

Ch. pupoides Orb.

Chemnitzia pupoides Orb. in Sagra, p. 123, lam. XVI, f. 32–35.

Habita. Abundante en las arenas de la *Playa del Chivo,* cerca de la *Habana!* y tambien en *Guadalupe* (Petit).

Ch. simplex Orb.

Chemnitzia simplex Orb. in Sagra, p. 123, lam. XVI. f. 28–31.

Ch. turris Orb.

Chemnitzia turris Orb. in Sagra, p. 120, lam. XVI, f. 10–13.
Habita. Hallada en abundancia en las arenas reconocidas en *Playa del Chivo!*

Gen. Eulima.

E. bifasciata Orb.

Eulima bifasciata Prb, in Sagra, p. 118, lam. XVI, f. 1–3.
» *fulvo-cincta* Ad.
» *vitrea?* Ad.

Habita. Se halla en abundancia en la arena de *Playa del Chivo!* y tambien en *Guadalupe* y *San Thomas* (Orb.).

E. subcarinata Orb.

Eulima subcarinata Orb. in Sagra, p. 119, lam. XVI, f. 4–6.
Habita. En las mismas circunstancias que la anterior.

E. Jamaicensis Ad.

Eulima Jamaicensis Ad. in Proc. Bost. Soc. II. p. 6, (1845).
» *arcuata* Ad.: doc. Krebs.

Habita en *Cuba!*, *Bahamas* [Raw.] y *Jamaica* (Ad.).

FAM. STYLIFERIDAE.

Gen. Stylifer.

S. corallinus Chemn.

Stylifer corallinus (Helix) Chemn. Conchyl. cab. p. 286, tab. CCX, f. 2804, 2805. (1795).

» *subulatus* Brod. et. Sw. in Proc. Zool. Soc. London, p. 60 (1832).

» *Subangulatus* A. Ad. in Proc. Zool. Soc. London, p. 122. (1855).

Habita en *Cuba!* Lo he hallado con frecuencia dentro de las madréporas de la *Playa del Chivo, Habana y Chorrera.*

FAM. VERMETIDAE.

Gen. Vermetus.

V. corrodens Orb.

Vermetus corrodens Orb. in Sagra, p. 130, lam. XVIII, f. 1-3.

Habita en *Cuba*, sobre el **Turbo tuber** y en *Martinica*, (Orb.).

V. irregularis Orb.

Vermetus irregularis Orb. in Sagra, Moll. Cuba, p. 129, lam. XVII, f. 16-18.

Habita en *Martinica.* (Orb.).

V. lumbricalis L.

Spirula lumbricalis L. Syst, nat. ed. 12, p. 787.

Vermutus lumbricalis Orb. in Sagra, p. 129.

Habita en *Cuba*, en la *Habana* y *Cárdenas* (Orb.) y en *Bahamas* (Raw.).

V. spiratus Phil.

Vermetus spiratus Phil.

Habita en abundancia en la *Chorrera!* y en *Matanzas!*

FAM. TURRITELLIDAE.

Gen. Turritella.

T. caribaea Orb.

Turritella caribaea Orb. in Sagra, p. 156, lam. X, f. 21.

Habita en *Cuba*. (Orb.).

T. exoleta L.

Turbo exoletus L. Gml. ed. 13, p. 3607.

Habita en *Cuba!*, tambien en *Jamaica* (Jay.), *Guadalupe* (Beau.) y en *Bahamas* (Raw. y Krebs). Pertenece al subgénero **Torcula Gray.**

T. imbricata L.

Turbo imbricatus L. Syst, nat. ed. 12. p. 1239.

Turritella imbricata Orb. in Sagra,, p. 154.

Habita en *Cuba!* (Gundl.) y en *Jamaica* y en *Sta. Lucía* (Orb.). Pertenece al subgénero **Haustator Montf.**

FAM. SCALARIDAE.

Gen. Scalaria.

Sc. Candeana Orb.

Scalaria Candeana Orb. in Sagra, p. 159, lam. XI. f. 28–30.

Habita en *Cuba!* (Gundl.), y tambien en *Jamaica* y *S. Thomas* (Orb.).

Sc. echinati-costa Orb.

Scalaria echinati-costa Orb. in Sagra, p. 158, lam. XI. f. 4–6.

Habita en *Cuba* (Gundl.). y tambien en *S. Thomas* [Orb.].

Sc. foliacei-costa Orb.

Scalaria foliacei-costa Orb. in Sagra, p. 158, lam. X, f. 26–28.

Habita en *Cuba!* [Gundl.], tambien en *Guadalupe*, *Martinica* y *S. Thomas* [Orb.], y en Bahamas [Raw.].

Sc. fragilis Hanley.

Scalaria fragilis Hanley, Sowb. Thes. Conch. tab. 33, f. 64–66.

» *albida* Orb in Sagra, p. 157, lam. X, f. 24–25,

Habita en *Cuba!* Abunda en la *Chorrera*, donde la he hallado viva en el límite de la baja mar: tambien en *Guadalupe* [Beau].

Sc. Hotessieriana Orb.

Scalaria Hotessieriana Orb. in Sagra, p. 157, lam. X, f. 22–23.

Habita en *Cuba!*

Sc. pseudo-scalaris Brochi.

Turbo pseudo-scalaris Brochi, p. 379, tab. 7, f. 1. [1814].

Scalaria lamellosa Lam.

» *pseudo-scalaris* Orb. in Sagra, p. 156.

Habita en *Cuba!*, donde es comun y en las demás *Antillas*. Pertenece al subgénero **Clathrus Oken.**

Sc. uncinaticosta Orb.

Scalaria uncinaticosta Orb. in Sagra, p. 159, lam. XI, f. 25–27.

Habita en *Guadalupe* [Orb.].

FAM. RISSOIDAE.

Gen. Rissoa.

R. Auberiana Orb.

Rissoa Auberiana Orb. in Sagra, p. 161, lam. XI, f. 34–36.

Habita en *Cuba!* y tambien en *Jamaica* y *San Thomas* [Orb.].

R. Caribaea Orb.

Rissoa Caribaea Orb. in Sagra, p. 160, lam. XI, f. 31–33.

Habita, Se halla en abundancia en la arena de la *Playa del Chivo!*

R. crassicostata Ad.

Rissoa crassicostata Ad. in Proc. Bost. Soc. II, p. 6.

Habita en *Cuba* [Poey].

P. gradata Orb.

Rissoa gradata Orb. in Sagra, p. 161, lam. XI, f. 37–39.

Habita en *Jamaica* [Orb.].

Gen. Rissoina.

R. Browniana Orb.

Rissoina Browniana Orb. in Sagra, p. 164, lam. XII, f. 33–25.

Rissoa laevissima C. B. Ad.: doc. Schwartz.

Habita en la arena de *Playa del Chivo* en abundancia: tambien en *Haiti*, *Martinica* y *San Thomas* [Orb.].

R. Bryerea Mont.

Rissoina Bryerea Mont.
Turbo cottatus Donov.
Pyramis nitens.
Rissoa lactea Brown.
Rissoina scalarodes C. B. Ad.
} doc. Schwartz.

Habita en las islas de *Cuba!* y de *Mauricio* [Schwartz].

R. cancellata Phil.

Rissoina cancellata Phil.
Rissoa pulchra C. B. Ad.
» *Philippiana* Pfr. [in Sched.].
} doc. Schwartz.

Habita en *Cuba* y *Jamaica* [Schwartz].

R. Chesneli Michaud.

Rissoina Chesneli Michaud.
» *Catesbyana* Orb.
Rissoa candida Brown.
» *scalarella* C. B. Ad.
} doc. Schwartz.

Rissoina scalarodes C. B. Ad.
» *minor* C. B. Ad. } doc. Krebs.
» *Dunkeri* Pfr.

Habita. Se halla en abundancia en *Cuba!*: tambien en *Guadalupe* [Petit], y en las islas de *Mauricio* y *Antillas*. [Schwartz].

R. decussata Mont.

Rissoina decussata Mont.
Rissoa alata Mke.
» *striatula* Andrzel.
» *pyramidella* Brown.
» *costulina* Sismond. } doc. Schwartz.
» *striosa* C. B. Ad.
» *Janus* C. P. Ad.
» *striato-costata* Orb.
» *subcochlearella* Orb.

Habita en *Cuba*! [Poey]: tambien en *Mauricio*, *Panamá* y las *Antillas* [Schwartz], Fósil en varias localidades de Europa [Schwartz].

R. dubiosa Ad.

Rissoa dubiosa C. B. Ad.

Habita en *Cuba* y *Jamaica* [Schwartz].

R. elegantissima Orb.

Rissoina elegantissima Orb. in Sagra, p. 163, lam. XII, f. 27–29.

Habita muy abundante en las arenas de *Playa del Chivo* y tambien en *Haiti* [Orb.].

O. fenestrata Schwartz.

Rissoina fenestrata Schwartz.

Habita en *Cuba*. [Schwartz].

R. incerta Orb.

Eulima incerta Orb. in Sagra, p. 119, lam. XVI, f. 7-9.
Rissoa tervaricosa C. B. Ad. in Proc. Bost. Soc. II, p. 6. [1845].
» *melanura* C. B. Ad. Contrib. to Conch. p. 116 [1850].

Habita en *Jamaica* (Orb.).

R. labiosa Schwartz.

Rissoina labiosa Schwartz.
Habita en *Cuba* (Schwartz).

R. multicosta Ad.

Rissoina multicosta C. B. Ad.
Habita en *Cuba* y en *Guadalupe* (Petit). Quizá esta especie no sea más que una variedad de la **Rissoina Catesbyana** Orb.

R. reticulata Sowb.

Rissoina reticulata Sowb.
Rissoa princeps C. B. Ad. Contr. to conch. p. 116 (1850).
Habita en *Cuba* (Gundl.), *Bahamas* (Raw.), y en *Filipinas* y la isla de *Mauricio* (Schwartz).

R. Sagraiana Orb.

Rissoina Sagraiana Orb. in Sagra, p. 162.
» *Sagra* Orb. ib. lám. XII. f. 4. 5.
Habita, se halla en abundancia en la arena de la *Playa del Chivo!*, *Chorrera!* y *Marianao!*

R. semiglabrata Ad.

Rissoina semiglabrata A. Ad.
Habita en *Cuba* (Schwartz).

R. Sloaniana Orb.

Rissoina Sloaniana Orb. in Sagra, p. 164, lám. XII, p. 36-38.
Habita en *Jamaica* (Orb.).

Gen Monostigma.

M. striosa Ad.

Rissoa striosa C. B. Ad. Contrib. to Conch. p. 116. (1850).
Habita en *Cuba* (Gundl.) y en *Jamaica* (Ad.).

FAM. NATICIDAE.

Gen. Natica.

N. canrena L.

Nerita canrena L., Mus. Ulr. p. 674 (Syn excl.).
Natica canrena, Chemn., Natica, p. 8. tab. I. f. 5-6.
» » Órb. in Sagra, p. 165.
Habita en todas las *Antillas!*

N. lactea Phil.

Natica lactea Phil., Mon, p. 61. tab. 10, f. 2.
Habita en *Cuba*, abundante en las costas de la *Habana!*. Pertenece al subgénero **Naticina** Gray.

N. lacernula Orb.

Natica lacernula Orb. in Sagra, p. 168, lám. XVII, f. 23-25.
» *lurida* Phil.
» *avellana?* Phil.
Habita en *Cuba!* en las mismas condiciones que la anterior.

N. mamillaris Schr.

Nerita mamillaris Schroeter, Enl., tab. II. p, 232.
Natica fucata Recluz, in Proc. Zool. Soc. London, p. 210. (1843).
» *Cumingiaua* Recluz, in Proc. Zool, Soc. London, p, 210 (1843).
» *mamillaris* Orb. in Sagra p. 167.
Habita en *Cuba* y *Sta. Lucia* (Orb.). Los ejemplares que he recogido por mí mismo los hallé en *Baracoa*, costa del Norte, donde parece que abunda.

N. nitida Don.

Natica nitida Don., Orb. in Sagra, p. 166.

Habita en *Cuba, Martinica, Guadalupe* y *Sta. Lucia* (Orb.) y en *Bahamas* (Raw., Krebs).

N. Pfeifferi Phil.

Natica Pfeifferi Phil., Chemn. Natica, p. 139, tab. 19, f. 12.

Habita en *Cuba* (Chemn.).

N. pulchella Pfr.

Natica pulchella Pfr. in Wiegm. Arch. p. 254. (1840). (non Risso).

» *Sagraiana* Orb. in Sagra p. 168, lám. XVII, f. 20. 22, (1841).

» *Jamaicensis* C. B. Ad., Contr. to Conch. p. 111. (1850).

Habita en abundancia en las cercanías de la *Habana!*: tambien en *Bahamas* [Raw.].

N. sulcata Born.

Nerita sulcata Born. 1760. Ind. mus. p. 416. Test. p. 400, t. 17. f. 5, 6.

Natica sulcata Orb. in Sagra, p. 167. Pertenece al sub-género **Stigmaulax Mörch.**

Habita en *Cuba* (Orb.).

N. uberina Orb.

Natica uberina Orb. in Sagra, p. 166, lám. XVII. f. 19.

Habita en *Cuba, Martinica, Guadalupe* y *Santa Lucia* [Orb].

Gen. Narica.

N. lamellosa Orb.

Narica lamellosa Orb. in Sagra p. 173, lám. XVII, f. 32-34.

Habita en *Cuba. Martinica* y *Guadalupe* [Orb.].

N. granulosa? Recluz.

Narica granulosa? Recluz in Proc. Zool. Soc. London, p. 140 (1843).

Habita en *Cuba!* cerca de la Habana; los ejemplares recogidos están algo rodados: el Sr. Krebs, á quien los envié en comunicacion, los ha nombrado así. Recluz les asigna por patria las islas *Molucas* y *Nueva Holanda*.

N. striata Orb.

Narica striata Orb. in Sagra, p. 172, lám. XVII, f. 29-31.

Segun Recluz en los Proc. Zool. Soc. London, p. 137 dice: que esta especie es la misma que la **Narica margaritacea Potier.**

Habita en *Cuba* [Orb].

N. sulcata Orb.

Narica sulcata Orb. in Sagra, p. 171, lám. XVII, f. 26-28.

Habita en *Cuba!*, ¡*Habana!* y tambien en *Jamaica* y en *Santa Lucía*. (Orb.).

Gen. Sigaretus.

S. haliotideus L.

Helix haliotidea L. Syst. nat. ed. 12, p. 1250. (1767).

Cryptostoma Leachii Blainv. Dict. des sc. nat., tom. XII, p. 128 [1818].

Sigaretus haliotideus Orb. in Sagra, p. 170.

Habita en *Cuba* y *Santa Lucía* (Orb.).

S. Martinianus Phil.

Sigaretus Martinianus Phil. Abbild. tab. I. f. 5.

» *zonatus* Orb. in Sagra, p. 171.

Habita en *Cuba!* y tambien en otras *Antillas*, (Orb.) *Guadalupe* (Beau), *Bahamas* (Raw).

FAM. NERITIDAE.

Gen. Nerita.

N. antillarum Gml.

Nerita nigerrima, var., Chemn. Conch. cab.t. V. p. 309, tab. 192 f. (1987).

Nerita Antillarum Gml. Syst. nat. 13, p. 3685. (1789),
» » Orb. in Sagra, p. 180.

Habita en abundancia en las costas de la *Habana!*, ¡*Cabañas!*y de toda la Isla.

N. peloronta L.

Nerita peloronta L. Syst. nat. ed. 12. p. 1254 (1767).
» » Orb. in Sagra, p. 178.

Habita en los arrecifes de toda la Isla de *Cuba!*, siendo notables por su tamaño los ejemplares recogidos por el Dr. Gundlach en *Cabo Cruz* y los de *Cabañas* por mí: tambien se halla en las otras *Antillas.*

N. tessellata Gml.

Nerita tessellata Gml. Syst. nat. ed. 13, p. 3685,
» *excarata* Pfr.: doc. Dkr.
» *tessellata* Orb. in Sagra, p. 179.

Habita en Cuba! en las circunstancias de la anterior.

N. variegata Chemn.

Nerita variegata Chemn. (1781).
» *versicolor* Gml. Syst. nat. ed. 13, p. 3685 [1789].

Habita como las anteriores.

FAM. NERITINIDAE.

Gen. Neritina.

N. pupa L.

Nerita pupa L. Gml. Syst. nat. ed. p. 13, p. 3679 [1789].
Neritina pupa Orb. in Sagra, p. 175.
» *tristis* Orb. loc. c. p. 176, lám. XVII, f. 35.

Habita en gran número en los arrecifes de toda la Isla de Cuba! y en las demás Antillas. Pertenece al sub-género **Vitta Klein.**

N. viridis L.

Nerita viridis L. Syst. nat. ed. 12, p. 1254.
» » Sowb. Conch. illustr., f. 24.
Neritina viridis Orb. in Sagra, p. 175.
Habita en Cuba! y en las demás Antillas: parece que esta especie es cosmopolita. Pertenece al sub-género **Vitta Klein.**

FAM. TURBIDAE.

Gen. Turbo.

T. pica L.

Turbo pica L. Syst. nat. ed. X, p. 763, nº 512.
» » Gml. Syst. nat. ed. 13, p. 1235.
» *vidua* d'Arg., Conch, tab. 8, f. G. [1742],
Trochus pica Orb. in Sagra, p. 230.
Habita en los arrecifes de toda la Isla de *Cuba!* al nivel de la baja mar; tambien en las otras *Antillas, Bahamas* [Raw]. Pertenece al género **Livona Gray.** El vulgo lo conoce con el nombre trivial de **Cigua.**

Gen. Modulus.

M. angulatus Ad.

Monodonta angulata C. B. Ad. in Proc. Bost. Soc. II. p. 7 (1845).
Trochus catenulatus Phil., Chemn. p. 110, tab. 18, f. 4. [1846].
» *perlatus?* Wood.
Habita en *Cuba!*, abundando en la ensenada de *Marimelena*, donde se coje casi á flor de agua: tambien en *Bahamas* [Raw] y en *Jamaica* [Ad,].

M. modulus L.

Trochus modulus L., Hist. nat. ed. x, p. 757: Gml. p. 3568.
» *lenticularis* Chemn., Conch. Cab. V. p. 105, tab. 171, f. 1665.

Habita en toda la Isla de *Cuba*! muy abundante á la entrada de la bahía de *Cabañas*, casi á flor de agua sobre las plantas: tambien en *Bahamas* (Krebs).

M. unidens Lister.

Trochus unidens Lister, 1665, Hist. Conch., tab. 653, 654, f. 52-54.
» » Chemn. Mart. et. Chemn., Trochus, p. 5. tab. I, f. 8, 9, ed. Küst.
Monodonta carchedonius Lam., Ann. s. vert., p. 175.

Habita en las *Indias Occidentales* (Chemn.), *Cuba* [Orb.].

Gen. Omphalius.

O, excavatus Lam.

Trochus excavatus Lam. Ann. s. vert. VII, p. 19.
» *umbilicaris* Chemn.: doc. Dkr.
» *excavatus* Orb. in Sagra, p. 182.

Habita. Los ejemplares que poseemos fueron recogidos sobre las costas de *Baracoa*!: tambien se halla en Martinica y Guadalupe (Orb.).

O. fasciatus Born.

Trochus fasciatus Born, Mus. p. 331, tab. 12. f. 3.
» *carneolus* Lam. Ann. s. vert. VII. p. 29 (1822).
» *dentatus* Gml. } Doc. Dkr.
» *laevis* Chemn. } Doc. Dkr.

Habita en abundancia en las costas de *Cuba*! en poca profundidad: tambien en *Guadalupe*, *Martinica* y *Santa Lucía* [Orb.]. y en *Bahamas* [Raw.].

O. Gundlachi Phil.

Trochus Gundlachi Phil. in Zeitschr. p. 108. (1848).

Trochus Gundlachi Chemn., Mart. et Chemn., Trochus, p. 226, tab. 34, f. 13, ed. Küst.

Habita en *Cuba* [Gundl.].

O. Hotesserianus Orb.

Trochus Hotesserianus Orb. in Sagra, p. 184, tab. XVIII., f. 15–18 (1841).

» *occultus* Phil. Abbild. vol. II. Trochus, tab. VII, f. 8. (1845).

» *Nassaviensis* Chemn., Conch, cab. V, p. 113, t. 171' f. 1676.

Habita en abundancia en las costas de *Cuba!*, en las otras *Antillas, Guadalupe* [Beau]. *Florida* (Orb.). *Bahamas* [Raw].

O. indusii Chemn.

Trochus indusii Chemn.

» *scalaris* Anton, Phil. Abbild. I. 6, Trochus, tab. IV. f. 11. [1844].

» *livido-maculatus* Ad. in Proc. Bost. Soc. p. 7. [1845].

» *canaliculatus* Orb, in Sagra, p. 185. lám. XVIII. f. 18–19 (1841),

Habita en *Cuba!* en las mismas circunstancias que las anteriores: tambien en *Bahamas* [Raw].

Gen. Zizyphinus.

Z. Javanicus Lam.

Trochus javanicus Lam. Ann. s. vert. VII. p. 144.

Zizyphinus javanicus Chemn., Man. de Conch. et Paleont. conch. tom. I. p. 359, f. 2662.

Habita en la Isla de *Cuba*, bahía de *Matanzas* [Dr. Babó]. Chemnitz y Jay le asignan por patria la isla de *Java*.

Z. jujubinus Gml.

Trochus jujubinus Gml. Syst. nat. ed, 13, p. 3570.

» » Phil., Chemn. p. 37. tab. 7. f. 8, 9: tab. 13, f. 5, ed. Küst.

Habita en *Cuba, Guadalupe* (Beau.), *Bahamas* [Raw].

Gen. Rotella.

R. anomala Orb.

Rotella anomala Orb. in Sagra, p. 187, lám. XVIII, f. 32-34. Habita en *S. Thomas* (Orb.). Esta especie y las que siguen son **Pocudo-rotella Fischer.**

R. carinata Orb.

Rotella carinata Orb. in Sagra, pag. 186, lám. XVIII, f. 26-28. Habita en *S. Thomas* (Orb.).

R. diaphana Orb.

Rotella diaphana Orb. in Sagra, p. 186, lám, XVIII, f. 23-25. Habita en *Cuba!* hallándose en abundancia en las arenas de la *Playa del Chivo!* y de la *Chorrera!*: tambien se halla en *S. Thomas.*

R. semistriata Orb.

Rotella semistriata Orb. in Sagra, p. 185, lám. XVIII, f. 20-22. Habita con la anterior!

R. striata Orb.

Rotella striata Orb. in Sagra, p. 186, lám. XVIII, f. 29-31. Habita como la anterior! y tambien en *Jamaica* (Orb.).

Gen. Adeorbis.

A. cyclostomoides Pfr.

Helix cyclostomoides Pfr. Mon. Helic. I. p. 114, n. 293.

Adeorbis Adamsi Fischer, in Journ. conch. p. 173, 287, vol. VI, lib. X, f. 11. (1857).

Habita. Hallado en las arenas recogidas en la *Chorrera!*, raro: tambien en *Guadalupe* (Beau).

A. inornatum Orb.

Solarium inornatum Orb. in Sagra, p. 189. lám. XIX, f. 25-27.

Esta especie y la anterior parece que son iguales.

Habita: hallado en las arenas recogidas en la *Playa del Chivo!*: tambien en *S. Thomas* (Orb.)

Gen. Solarium.

S. granulatum Lam.

Solarium granulatum Lam. Encycl. méth. pl. 446, f. 5.

Habita en las cercanías de la *Habana!* donde lo he cogido traido por los *Pagurus*, es raro: tambien en *Guadalupe* (Orb.) y en *Bahamas* (Raw.).

S. bisulcatum Orb.

Solarium bisulcatum Orb. in Sagra, p. 188, lám. XIX, f. 17-20.

Habita en las cercanías de la *Habana!* á cuyo litoral lo traen los *Pagurus* en abundancia: tambien se halla en *Jamaica* y en *Martinica* (Orb.).

S. delphinuloides Orb.

Solarium delphinuloides Orb. in Sagra, p. 189, lám. XIX, f. 21-24.

Habita en *Cuba* (Orb,).

S. infundibuliformis Gml.

Trochus infundibuliformis Gml., Syst. nat. ed. 13, p. 3575.

Solarium Chemnitzii Kien.: doc. Dkr.

Habita: hallado en el litoral de *Cuba!* traido por los *Pagurus*: tambien en *Bahamas* (Raw.).

Gen. Heliacus.

H. cylindraceum Chemn.

Trochus cylindraceus Chemn. Conch. V. tab. 170, f. 1639. a.b.

» » Gml. Syst. nat. ed. 13, p. 3572.

Solarium Heberti Desh, 1830, Encycl. méth. tom. II, p. 159.

Heliacus Heberti Orb. in Sagra, p. 190.

Habita en *Cuba!*, hallado en gran abundancia en la costa de *San Lázaro* á donde lo llevan los *Pagurus*: tambien en *Guadalupe* (Hotessier).

Gen. Delphinula.

D. radiata Kien.

Delphinula radiata Kien. Icon. tab. 4, f. 9.

Habita: hallada en las costas de *Baracoa!* y de *Matanzas!*

D. tuberculosa Orb.

Delphinula tuberculosa Orb. in Sagra, p. 191, lám. XIX, f. 28–30.

Habita: se halla en abundancia en la arena de la *Playa del Chivo!*: tambien en *Jamaica* y *S. Thomas* (Orb.).

Gen. Trochus.

T. castaneus Gml.

Turbo castanea Gml. Syst. nat. ed. 13, p. 3595. (1789).
» *hippocastanum* Lam. Am s. vert. VII, p. 47. (1822).

Habita en toda la isla de *Cuba!*, en la bahía de *Cabañas* entre las plantas á poca profundidad: tambien en *Guadalupe* (Petit) y en *Bahamas* (Raw.).

Gen. Pachypoma.

P. coelata Klein.

Cochlea cellata Klein, Meth. ostr. § 107, 108, p. 39, 40.
Trochus pyramidalis Seba, Thes. tab. 60, f. 1, 2.
» *caellatus* Chemn. Conch. cab. V. p. 33, tab. 162, f. 1536–7.

Habita en el litoral de toda la *Isla!* abundante en poca profundidad: tambien se halla en *Martinica*, *Guadalupe*, *Sta. Lucia* (Orb.) y en *Bahamas* (Raw. Krebs).

P. cubana Phil.
Trochus cubanus Phil. in Zeitschr. 1848, p. 104.
Habita en *Cuba* (Chemnitz).

Gen. Lithopoma.

L. tuber L.
Trochus tuber L. Syst. nat. ed. 12, p. 1230.
Habita en los arrecifes y piedras en toda la *Isla*! es comun tambien en *Martinica* y *Sta. Cruz* (Orb.) y en *Bahamas* (Raw.).

Gen. Calcar.

C. ramosus Meusch.
Trochus ramosus Meusch.: doc. Dkr.
» *americanus* Gml. Syst. nat. ed. 13, p. 3581.
Habita en *Cuba* (Gundl.), *Bahamas* [Raw.].

Gen. Uvanilla.

U. brevispina Lam.
Trochus brevispina Lam., Ann. s. vert. VII, p. 12.
Habita en *Cuba!* (Gundl.): tambien en *Martinica* [Orb.], *Barbadas* [Raw.] y *S. Juan* (Chemn.).

Gen. Astralium.

A. heliacus Phil.
Trochus heliacus Phil., Chemn., Conch. Cab. V. p. 139, tab. 174, f. 1716–17.

Trochus longispina Anton Verz. p. 55, n. 2014.
Habita en *Cuba?*

A. phoebia Bolt.

Astralium phoebia Bolt.: doc. Dkr.
Trochus scalaris Chemn., Conch. cab. V. p. 135, f. 1712-13. (1769 al 95).
» *aster* Phil., loc. c. p. 141, tab. 174, f. 1718–20.
Turbo calcar Gml. Syst. nat. ed. 13, p. 3592 (Non Lin.).
Turbo inermis Gml. loc. c. p. 3576. [1789].
Trochus longispina Lam. Ann. s. vert. VII, p. 10. (1822).
Astralium deplanatum Lam. } doc. Dkr.
Trochus spinulosus Lam. }
Habita: muy abundante en toda la costa de *Cuba!*: tambien en *Bahamas* (Raw.).

Gen. Onustus.

O. trochiformis Born.

Onustus trochiformis Born.: doc. Dkr.
Trochus conchyliophorus Born, Mus. caes. p. 333, t. 12, f. 21, 22. (1780).
» *agglutinans* Lam, Ann. s. vert. VII, p. 14. (1822).
Phorus onustus Rve., nec. Nils } doc. Dkr.
Astrea lapidifera Bolt. }
Habita, se halla en abundancia muerto en las costas de *Punta de Hicacos* [Gundl.!]: tambien en las demas *Antillas*, sobre todo en *Martinica* (Orb.).

Gen. Phasianella.

Ph. brevis Orb.

Phasianella brevis Orb. in Sagra, p. 196, lám. XX, f. 19-21.
Habita en la arena de *Cuba!* y *Martinica* [Orb.].

Ph. umbilicata Orb.

Phasianella umbilicata Orb. in Sagra, p. 195, lám. XIX, f. 32-31.

Habita en la arena de toda la Isla!: *Playa del Chivo!*, *Cayo Francés* (Cisneros): tambien en *Jamaica* y *Guadalupe* (Orb.).

Ph. zebrina Orb.

Phasianella zebrina Orb. in Sagra, p. 196, lám. XIX, f. 35-37.

Habita en Cuba!, *Playa del Chivo!* abundante: tambien en *Guadalupe* [Orb.].

FAM. JANTHINIDAE.

Gen. Janthina.

J. exigua Lam.

Janthina exigua Lam. Encycl. méth., tab. 456, f. 2.

Habita en las *Antillas* (Orb.).

J. fragilis Lam.

Janthina fragilis Lam., Encycl. méth., tab. 456, f. 1. A. B.
» *communis* Lam., Ann. s. vert. VI, 2 part. p. 206. [1822].
» *bicolor* Da Costa, 1829, p. 112.
» *fragilis* Orb. in Sagra, p. 197.

Habita: se halla muy á menudo en las costas de *Cuba!* á donde la llevan las corrientes y vientos.

J. prolongata Blainv.

Janthina prolongata Blainv., Dict. des sc. nat., tom. XXIV, p. 154. (1822).
» *globosa* Swains, Zool. Ill. t. 85.
» *nitens* Mke., Syn. p. 141. [1830].

Janthina prolongata Orb. in Sagra, p. 199.
Habita, como la anterior (Orb.).

J. umbilicata Orb.
Janthina umbilicata Orb. in Sagra, p. 200, lám. XX, f. 22, 23.
Habita en las *Antillas* (Orb.) *Cuba!*

FAM. CYPRAEADAE.

Gen. Volva.

V. acicularis Lam.
Ovula acicularis Lam. Ann. du Mus., t. XVI, p. 110. [1822].
Bulla secale Wood, Ind. test. n. 7. [1825].
Habita en *Cuba!* [Gundl.], *Bahamas* [Raw. Krebs].

Gen. Cyphoma.

C. emarginata Sowb.
Ovula emarginata Sowb. Spec. C. part. I, p. 7, f. 54, 55. [1830],
Habita en *Cuba!* recogida á poca profundidad en las cercanías de la *Habana!* es rara.

C. gibbosa L.
Bulla gibbosa L. Syst. nat. ed. 12, p. 1183. [1767].
» *Brasiliensis* Mart. doc. d'Orb.
Ovula gibbosa Orb. in Sagra, p. 201.
Habita en abundancia en las cercanías de la *Habana!* en po-

ca profundidad: tambien en *Guadalupe*, *Martinica* y *Santa Lucía* [Orb.] y en *Bahamas* [Raw. Krebs.].

Gen. Cypraea.

C. cervus L.

Cypraea cervus L., Mantissa, p. 548. (1771).
» *occulata* Gml. Syst. nat. p. 3403. (1790).
» *cervina* Lam. Ann. s. vert. VII, p. 375. [1822].

Habita en toda la *Isla* en abundancia, es conocida con el nombre vulgar de **Negro maco**.

C. exanthema L.

Cypraea exanthema L. Syst. nat. ed. 12, p. 1172. (1767).
» *zebra* L. loc. c.
» *plumbea* Gml. Syst. nat., p. 3403. [1790].
» *bifasciata* Gml. loc. c. p. 3405.
» *dubia* Gml. loc. c. p. 3406.
» *exanthema* Orb. in Sagra, p. 202.

Habita en toda la *Isla!*, llevando el nombre vulgar de la anterior: tambien se halla en *Martinica*, *Guadalupe* y *Sta. Lucía* [Orb.] y en *Bahamas* [Raw. Krebs.].

C. flaveola L.

Cypraea flaveola L. Syst. nat. ed. 12, p. 1179. [1767].
» *spurca* Gml. Syst. nat. ed. 13, p. 3416. (1789).
» *acicularis* Gml. loc. c. p. 3421.
» *labrolineata* Gask., var., in Proc. Zool. Soc. London, p. 97. [1848].
» *spurca* Orb. in Sagra, p. 203.

Habita en toda la *Isla!* donde abunda: tambien en *Bahamas* [Raw.].

C. mus L.

Cypraea mus L. Syst. nat. ed. 12, p. 325. (1767).
» *autumnalis* Perry, Conch. tab. 21, f. 2. (1811).
» *mus* Orb. in Sagra, p. 203.

Habita en *Cuba* (Orb.).

C. succincta L.
Cypraea succincta L. Mus. Lud. 575, n. 197.
» » Gml. Syst. nat. ed. 13, p. 3410.
» *cinerea* Gml. Syst. nat. p. 3402.
» *translucens* Gml. loc. c. p. 3404.
» *sordida* Lam. Ann. s. vert. VII. p. 387.
» *cinerea* Orb. in Sagra, p. 204.
Habita en *Cuba!*, en abundancia: tambien en *Bahamas* (Raw.).

Gen. Trivia.

T. nivea Gray.
Cypraea nivea Gray, Sowb. Conch. Ill. n. 122, f. 38:
» *scabriuscula* (Gray) Kien, nec typus: doc. Dkr.
» *nivea* Orb. in Sagra, p. 206.
Habita en *Cuba!* rara: tambien en *Guadalupe* (Beau) y en *Bahamas* (Raw. Krebs).

T. oryza Lam.
Trivia oryza Lam.
Habita en *Cuba!*

T. pediculus L.
Cypraea pediculus L., Gml. Syst. nat. ed. 13, p. 3418.
» *sulcata* Dillw.: doc. Jay.
» *pediculus* Orb. in Sagra, p. 205.
Habita en *Cuba!* muy abundante y en las demás *Antillas.*

T. rotunda Kien.
Cypraea rotunda Kien. Icon. p. 141, tab. 53, f. 2.
» *quadripunctata* Gray, Sowb. Conch. Ill. n. 116, f. 33.
» *rosea* Auct., nec Wood.
» *quadripunctata* Orb. in Sagra, p. 205.
Habita como la anterior en los mismos lugares.

T. subrostrata Gray.
Cypraea subrostrata Gray, Zool. Journ. III. p. 363. (1827).
Habita en *Cuba!* es rara: tambien en *Guadalupe* (Beau), *Bahamas* (Raw.).

T. suffusa Gray.

Cypraea suffusa Gray, Descr. cat. p. 16 (1832).

» *armandina* Duclos, Coq. viv. p. 140, tab. 46, f. 2.

Habita en *Cuba!* tambien en *Guadalupe* (Beau) y *Bahamas* (Raw).

FAM. MARGINELLIDAE.

Gen. Erato.

E. Maugeriae Gray.

Erato Maugeriae Gray.

Habita en *Cuba!* raro.

Gen. Persicula.

P. carnea Storer.

Marginella carnea Storer, in Bost. Journ. Nat. Hist. I. p. 465, pl. 9, f. 3, 4. (1837).

Es probable que esta especie no pase de ser mas que una variedad de color de la **P. vexiculata Mart.**

Habita en *Cuba!*: tambien en *Cayo Hueso* y *Venezuela* (Redf.)

P. oblonga Swains.

Marginella oblonga Swains., Zool. Ill. 2d. ser. I, pl. 44, f. 1 (Volutella). (1829).

» *carnea* Sowb. part. Thes. conch. I, 398, pl. 76, fig. 102, 114 (1846.) (Non. Storer).

» *amabilis* Redf. Ann. N. Y. Lyc. Nat. Hist. V, 225, (1852).

Marginella oblonga Rve; Conch. Icon. Marginella, pl. 12, f. 51, a, b. (1864).

Habita en *Cuba!*: tambien en *Bahamas* y *Yucatan* (Redf).

P. vexiculata Mart.

Marginella vexiculata Mart.: doc. Dkr.

Voluta guttata Dillw., Desc. cat. p. 256. (1817).

Marginella longivaricosa Lam., Ann. s. vert. VII. p. 358. (1822).

» *guttata* Rve. Conch. Icon. Marg., pl. 12, f. 50, a, b.

» *longivaricosa* Orb. in Sagra, p. 206.

Habita en toda la Isla! abundando en las cercanías de la Habana! donde se pesca á poca profundidad: tambien se halla en *Bahamas*, *Tórtola* y *Honduras* (Redf.).

Gen. Marginella.

M. apicina Mke.

Marginella apicina Mke. Synop. Meth. Moll. p. 87. (1828).

» *conoidalis* Kien., Coq. viv., p. 37, pl. 12, f. 2. (1840?).

» *livida* Hinds, in Proc. Zool. Soc. London, p. 73. (1844).

» *flavida* Redf. in Ann. N. Y. Lyc. Nat. Hist. IV, p. 163, pl 10, f. 4, a, b. (1846).

» *Caribaea* Orb. in Sagra, p. 208, lám. 20, f. 24-26.

» *conoidalis* Sowb. Thes. Conch. I. p. 387, pl. 76. f. 93, 94, 97, 101,

Habita en *Cuba!* abundando en la bahía de la *Habana!* de donde la extraen los pescadores en sus redes: tambien en las otras *Antillas* y en la *Florida* y *Cartagena* (Redf.). Esta especie varía de tamaño, color y solidez segun la localidad.

M. chrysomelina Redf.

Marginella chrysomelina Redf. in Ann. N. Y. Lyc. Nat. Hist. IV. p. 492, pl. 17, f. 2. (1848).

» *pudica* Gask., in Proc. Zool. Soc. London, p. 18. (1849).

Habita en *Cuba!* (Gundl.), *Bahamas* (Raw.).

M. fauna Sowb.

Marginella fauna Sowb. in Proc. Zool. Soc. London, p. 96 (1846.)

» *¿alabaster* Rve. } doc. Redf.

» *¿diaphana* Küst. (non. Kien.). }

Parece que esta especie ú otra próxima, confundida con ella, ha sido nombrada por el Dr. Dunker bajo el nombre de **Marginella Gundlachi Dkr.** segun veo en un mss. del Dr. Gundlach.

Habita en *Cuba!* donde abunda: tambien en *Curazao* (Redf.).

M. maculosa Kien.

Marginella maculosa Kien., Coq. viv. p. 26, tab. 9, f. 40. (1834).

» *muralis* Hinds in Proc. Zool. Soc. London, p. 76. (1844).

» *gibberula* Sowb. }

» *crassilabrum* Sowb. } doc. Dkr.

» *labiosa* Redf. }

Habita en *Cuba!* (Gundl.): tambien en *Jamaica*, *Curazao* y *Tórtola* (Redf.), *Bahamas* (Raw., Krebs).

M. margarita Kien.

Marginella margarita Kien., Coq. viv. p. 15, tab. 9, f. 42. (1834).

» *¿candida* Sowb. Thes. Conch. p. 382, tab. 75, f. 86, 87. [1846].

Habita en *Cuba!* y *San Vicente* (Redf.).

M. minima Güild.

Marginella minima Güild. Sowb. Thes. Conch. p. 388, tab. 78, f. 220. [1846].

» *ovuliformis* Orb. in Sagra, p. 210, lám. XX, f. 33–35.

Habita en *Cuba!* abunda en la arena de *Playa del Chivo!*, la *Chorrera!*, *Cayo Francés!*: tambien en *Martinica*, *S. Thomas* y *Guadalupe* [Orb.].

M. minuta Pfr.

Marginella minuta Pfr. in Wiegm. Arch. I. p. 259 [1840].

Marginella Lavalleana Orb. in Sagra, p. 211, lám. 20, f. 36-38.
Habita en *Cuba!* abundando en la arena de la *Chorrera!*: tambien en *Martinica, S. Thomas* y *Guadalupe* [Orb.] y en *Bahamas* [Raw.].

M. nivea Ad.

Marginea nivea C. B. Ad. Contr. to conch. p. 56. [1850].
Habita en *Cuba!* y tambien en *Jamaica* [Redf.].

M. pulcherrima Gaskoin.

Marginella pulcherrima Gask. in Proc. Zool. Soc. London, p. 21. [1849].
» *catenata* Sowb.: doc. Dkr.
Habita en *Cuba!* y en *Bahamas.* [Redf.].

M. striata Sowb.

Marginella striata Sowb. Thes. conch., p. 375, tab. 75, f. 81, 82. [1846].
Habita en *Cuba!*, hallada en la arena de *Cojímar!* es rara: tambien en *S. Thomas* [Redf.].

M. sulcata Orb.

Marginella sulcata Orb. in Sagra, p. 211, lám. XXI, f. 14-16.
Probablemente esta especie es la misma que la anterior.
Habita en *Martinica.* [Orb.].

Gen. Hyalina.

H. albolineata Orb.

Marginella albolineata Orb. in Sagra, p. 209, lám. XX, f. 27–29.
Habita en *Cuba!*: abundante en las cercanías de la *Habana*: tambien en las otras *Antillas, Jamaica* y *Guadalupe* [Redf.].

H. gracilis Ad.

Marginella gracilis C. B. Ad. in Ann. N. Y. Lyc. Nat. Hist. V. p. 46. [1851].
» *balteata* Rve., Conch. Icon. Marg. tab. 20, f. 19. [1865].
Habita en *Cuba!* [Gundl.] y en *Jamaica* [Redf.].

M. lactea Kien.

Marginella lactea Kien. Coq. viv. p. 42, pl. 13 f. 3? [1840].
Habita en *Cuba!*

M. pallida L.

Bulla pallida L. nec Marg. pallida Auct.
Marginella avena [Val.] Kien. Coq. viv. p. 17, tab. 6, f. 24. [1834].
» *arenacea* Desh., Lam. Ann. s. vert. 2ª ed. X, p. 445. [1844].
» *varia* (in part.) Sowb. Thes. conch. p. 390, tab. 76, f. 137–140. (1846).
» *Beyerleana* Bern. in Journ. conch. IV. p. 149, tab. 5, f. 15, 16. (1853).
» *livida* Rve., Conch. Icon. Marg., tab. 20, f. 100. (1865).
Habita en *Cuba!* y en todas las *Antillas.*

M. subtriplicata Orb.

Marginella subtriplicata Orb. in Sagra, p. 209.
» *triplicata* Orb. in Sagra, lám. XX, f. 30-32.
» *lactea* Rve. Conch. Icon. tab. 17, f. 81: tab. 24, f. 135.
Habita en *Cuba!* y demás *Antillas.*

Gen. Volvaria.

V. pellucida Schum.

Hyalina pellucida Schum, Nouv. Syst. p. 234. (1817).
Volvaria pallida Lam.,' Kien. Coq. viv. p. 40, tab. 13, f. 2. Nec L. [1840].
Habita en *Cuba!*: tambien en *Bermudas* y *Guadalupe* [Redf.], y en las *Bahamas* (Raw., Krebs).

FAM. RINGICULADAE.

Gen. Ringicula.

R. semistriata Orb.
Ringicula semistriata Orb. in Sagra, p. 212, lám. XXI, f. 17–19.
Habita en *Jamaica* (Orb.).

FAM. OLIVIDAE.

Gen. Oliva.

O. litterata Lam.
Oliva litterata Lam. Ann. s. vert. p. 614.
Habita en *Cuba*!: abunda en la entrada del puerto de la Habana! de donde sale pegada á la carnada de los instrumentos de pesca conocidos con el nombre de palangres. Esta especie y las dos siguientes pertenecen al subgénero **Porphyria Bolten.**

O. reticularis Lam.
Oliva reticularis Lam. Ann. s. vert. VII. p. 424. [1822].
» » Orb. in Sagra, p. 216.
Habita en *Cuba*! y tambien en *Guadalupe* [Beau] y *Bahamas* [Raw.].

O. scripta Lam.

Oliva scripta Lam. Ann. s. vert. VII. p. 425. [1822].
» » Orb. in Sagra, p. 216.
Habita en *Cuba*!, *Guadalupe*, *Sta. Lucía* y la *Florida*. (Orb.).

Olivella.

O. exigua Mart.

Oliva exigua Mart.
Habita en *Cuba*! frecuente en la *Chorrera*!: tambien en *Bahamas*. [Raw.].

O. finibriata Rve.

Oliva finibriata Rve? }
» *nitidula* Sol. } doc. Dkr.
» *mutica* Rve. }
Habita en *Cuba*! y en *Guadalupe* (Beau).

O. jaspidea Gml.

Voluta jaspidea Gml. Syst. nat. p. 3442.
Oliva conoidalis Lam. Ann. s. vert. VII, p. 437.
Habita en *Cuba*! tambien en *Curazao* y *Guadalupe* (Orb.), y en *Barbadas* [Lister].

O. mica Ducl.

Oliva mica Ducl., Mon. des Olives, tab. 1, f. 11, 12. (1840).
Olivina mica Orb. in Sagra, p. 214.
Habita en *Jamaica*. [Orb.].

O. miliola Orb.

Olivina miliola Orb. in Sagra, p. 215, lám. XXI, f. 20–22.
Habita en *Jamaica* y *Martinica*. [Orb.].

O. myriadina Ducl.

Oliva myriadina Ducl., Mon. des Olives, tab. 6, f. 1-2. [1840].
Olivina myriadina Orb. in Sagra, p. 215.
Habita en *Cuba*! [Orb.].

O. oryza Lam.

Oliva oryza Lam.
Habita en *Cuba*! [Gundl.] y en *Bahamas* (Raw.).

O. parvula Mart.
Oliva parvula Mart. }
Voluta nivea Gml. } doc. Dkr.
Oliva eburnea Lam. }
Habita en *Cuba*! [Gundl.!] y en *Bahamas* [Raw., Krebs.].

O. rosalina Ducl.
Oliva rosalina Ducl. Mon. des Olives, tab. I, f. 1, 2.
Habita en *Cuba*!

Gen. Ancillaria.

A. glabrata L.
Buccinum glabratum L.
Habita: citada por el Sr. d'Orbigny como propia de las Antillas; pero es casi seguro que no habita en nuestros mares y mucho ménos en los de Cuba.

Gen. Conus.

C. aurantiacus Hwass.
Conus aurantiacus Hwass.
Habita en *Cuba* (Gundl.!).

C. columba Kien.
Conus columba Kien. Icon. p. 269, tab. 77, f. 2.
Lo considero variedad del **Conus verrucosus Hwass.**
Habita en *Cuba!* y tambien en *Guadalupe* (Beau).

C. daucus Brug.
Conus daucus Brug., Rve. Conch. Icon. tab. 20, f. 114.
» *arantiacus* Chemn.: doc. d'Orb.
Habita en *Cuba!*: abunda en las cercanías de la *Habana!* en poca profundidad. Tambien en *Bahamas* (Raw).

C. granulatus L.
Conus granulatus L. Mus. Lud. 560, n. 170 (nec Mart.).

Habita en *Cuba!*, frecuente en *Baracoa!*: tambien en *Guadalupe* (Beau) y *Bahamas* (Raw., Krebs).

C. mindanus Hwass.

Conus verrucosus Hwas.
» *granulatus* Mart. (nec L.)
» *pusio* Lam.
» *cretaceus* Kien.

Las transiciones que encuentro en los ejemplares que tengo á la vista, me inducen á considerarlos todos como una sola especie: el **Conus columba Kien** es probable que sea otra variedad.

Habita en toda la *Isla!*: tambien en *Bahamas* (Raw.).

C. mus Brug.

Conus mus Brug. Encycl. méth. tab. 320. f. 9.
» » Orb. in Sagra, p. 220.

Habita en toda la Isla, abundando entre las plantas de la costa á poca profundidad: tambien se halla en todas las otras *Antillas*, en *México* y *Veracruz* (Orb.).

C. nebulosus Sol.

Conus nebulosus Sol., Brug. Encycl. méth. tab. 317, f. 1-4, 9.
» *leucostictus* Gml. Syst. nat. ed. 13. p. 3388.
» ¿*maculiferus* Sowb.

Habita en *Cuba!*: lo he hallado en poca profundidad en abundancia en la *Habana*, *Chorrera*, *Playa del Chivo*, *Matánzas*: tambien se halla en las otras *Antillas*, *Martinica* y *Sta. Lucía* (Orb.), *Guadalupe* (Beau), *Bahamas* (Raw., Krebs).

C. proteus Hwass.

Conus proteus Hwass.
» *spurius* Gml. Syst. nat. ed. 13. p. 3396.
» *proteus* Orb. in Sagra, p. 220.

Habita en *Cuba!* (Gundl., Orb.): tambien en *Sto. Domingo* (Orb.), *S. Thomas* y *México* (Jay), *Bahamas* (Raw.).

C. vittatus? Lam.

Conus vittatus Lam., Rve., Conch. Icon. tab. 14. f. 75.

Habita en *Cuba!*. En la *Habana* y *Baracoa*, raro.

FAM. STROMBIDAE.

Gen. Strombus.

St. accipitrinus Mart.

Ala accipitrina Mart., t. III, p. 121. tab. 81, f. 829. (1777).
Strombus costatus Gml. Syst. nat. ed. 13, p. 3520.
» *accipitrinus* Orb. in Sagra, p. 222.

Habita en *Cuba!* y tambien en *Haiti* (Orb.) y *Guadalupe* (Beau).

St. costosomuricatus Mart.

Strombus costosomuricatus Mart.
» *bituberculatus* Lam. Ann. s. vert. VII, p. 202. (1822).
» » Orb. in Sagra, p. 223.

Habita en toda la *Isla!* en abundancia á poca profundidad: tambien en *Martinica. Guadalupe, Sta. Lucia* y *Jamaica* (Orb.), *Bahamas* (Raw.).

St. gallus L.

Strombus gallus L., Syst. nat. ed. 12, p. 1209. (1767).
» » Orb. in Sagra, p. 223.

Habita en *Cuba!* raro: tambien en *Martinica* y *Sta. Lucia* (Orb.), *Guadalupe* (Beau). *Bahamas* (Raw.).

St. gigas.

Strombus gigas L. Syst. nat. ed. 12, p. 1210. (1767).
» » Orb. in Sagra, p. 221.

Habita en *Cuba!* donde abunda en poca profundidad. Es conocido del vulgo con los nombres de **Cobo** y de **Fotuto**, su carne la comen muchas personas. Es muy usada la concha en las fincas de campo, donde la suenan, á manera de bocina, para llamar. En Bahamas, en uno de los años anteriores, se exportó un número prodigioso para diversos usos industriales, da una cal de calidad excelente: tambien en las demás *Antillas*.

St. pugilis L.

Strombus pugilis L. Syst. nat. ed. 12, p. 1209. (1767).

» *alatus* Gml. Syst. nat. ed. 13, p. 3513.

» ¿*dubius* Sow.: doc. Krebs.

» *pugilis* Orb. in Sagra, p. 223.

Habita en *Cuba!* abunda: tambien en *Guadalupe, Sta. Lucia, Nueva Orleans* y *Brasil* (Orb.) y en *Bahamas* (Raw.).

St. pyrulatus Lam.

Strombus pyrulatus Lam. Ann. s. vert. p. 606.

» ¿*gracilis* Sowb.

Habita en *Cuba!*

FAM. VOLUTIDAE.

Gen. Voluta.

V. junonia? Chemn.

Voluta junonia? Chemn.

Habita en la bahía de *Matanzas*, encontrado un solo ejemplar que se halla en la coleccion del Sr. Jimeno, de Matanzas.

V. musica L.

Voluta musica L. Syst. nat. ed. 12, p. 1194.

Murex musicalis Mart. 1777, Conch. cab. III. p. 236, t. 96, f. 926, 929.

Voluta thiarella Lam., Ann. s. vert. VII. p. 340.

» *musica* Orb. in Sagra, p. 225.

Habita en *Cuba* y las demás *Antillas* (Orb.).

V. vespertilio Rhumph.

Voluta vespertilio Rhumph.

Habita. El Sr. d'Obigny da esta especie como cubana; pero es indudable que no se encuentra en las *Antillas*.

Gen. Mitra.

M. albocincta Ad.

Mitra albocincta C. B. Ad. in Proc. Bost. Soc. p. 2. (1845).

Habita en *Cuba!* hallada en la arena de *Playa del Chivo!* es rara: tambien en *Jamaica* (Jay).

M. Barbadensis Gml.

Voluta Barbadensis Gml. Syst. nat. ed. 13, p. 3455.

Mitra striatula Lam. Ann. s. vert. VII. p. 313.

» » Orb. in Sagra, p. 226.

Habita en *Cuba!* muy comun: tambien en *Guadalupe* (Orb.). *San Vicente* (Jay) y *Bahamas* (Raw.).

M. exilis Rve.

Mitra exilis Rve.

Habita en *Cuba!*

M. microzonias Kien.

Mitra microzonias Kien.

Habita en *Cuba!*: tambien en *Bahamas* (Raw.).

M. nodulosa Gml.

Voluta nodulosa Gml. Syst. nat. ed. 13, p. 3453.

» *granulosa* Lam. Ann. s. vert. VII, p. 304.

» *nodulosa* Orb. in Sagra, p. 227.

Habita en *Cuba!* donde es muy abundante y en todas las *Antillas*.

M. puella Rve.

Mitra puella Rve. Conch. Icon. tab. 34, f. 276.

Habita en *Cuba!*, abunda en la *Habana!*: tambien en *S. Thomas* (Jay) y *Bahamas* (Raw.).

Gen. Cancellaria.

C. reticulata L.

Voluta reticulata L. Syst. nat. ed. 12, p. 1190. (1789).

Cancellaria reticulata Lam. Ann. s. vert. VII, p. 112. (1822).
Habita en *Cuba* y *Guadalupe* (Orb.) y en *Antigua* [Jay].

FAM. BUCCINIDAE.

Gen. Columbella.

C. argus Orb.
Columbella argus Orb. in Sagra, p. 223.
» *occellata* Orb. in Sagra, lám. XXI, f. 34-36.
Habita en *Guadalupe* [Orb.]. Pertenece al subgénero **Mitrella Risso.**

C. barbadensis Pet.
Olivaris barbadensis Petiver, 1702 Gazoph. tab. 30, f. 6.
Columbella reticulata Lam. Ann. s. vert. VII. p. 295. (1822).
» » Orb. in Sagra, p. 230.
Habita en las *Antillas* [Orb.].

C. catenata Sowb.
Columbella catenata Sowb. Thes. conch., p. 112. tab. 40. f. 171.
Habita en *Cuba!* y en *Bahamas* [Raw., Krebs].

C. cribraria Lam.
Buccinum cribrarium Lam. Ann. s. vert. t. VII. p. 274.
Voluta occellata Gml. Syst. nat. ed. 13, p. 3455.
Columbella concinna Sowb. Gen. of shells p. 8.
» *occellata* Orb. in Sagra, p. 231.
» *cribraria* Orb. in Sagra, p. 232.
Habita en abundancia en *Cuba!* en poca profundidad; tambien en *Bahamas* [Raw.]. Pertenece al subgénero **Mitrella Risso.**

C. fusiformis Orb.
Columbella fusiformis Orb. in Sagra, p. 233, lám. XXI. f. 25-27.

Habita en *Cuba!* frecuente en la arena de *Playa del Chivo!* tambien en *Martinica* y *Jamaica* [Orb.]. Subgénero **Mitrella**.

C. Güildingii? Sowb. var.

Columbella Güildingii? Sowb., var.

Habita en *Cuba!* [Gundl].

C. Hotessieri Orb.

Columbella Hotessieri Orb. in Sagra, p. 234.

» *Hotessieriana* Orb. in Sagra, lám. XXI, f. 37-39.

Habita en *Cuba!*, en la arena de *Cojimar*, rara.

C. lactea? Kien.

Columbella lactea? Kien.

Habita en *Cuba!* y tambien en *Bahamas* [Raw., Krebs].

C. laevigata L.

Buccinum laevigatum L., Gml. Syst. nat. ed. 13, p. 3497.

Habita en *Cuba!* en gran abundancia: tambien en *Bahamas* [Raw.]. Corresponde al subgén. **Nitidella Swains.**

C. mercatoria L.

Voluta mercatoria L. Syst. nat. ed. 12, 1190. [1767].

Columbella mercatoria Orb. in Sagra, p. 230.

Habita en gran abundancia en toda la *Isla!* y en las demás *Antillas*.

C. nitida Lam.

Columbella nitida Lam. Ann. s. vert. VII, p. 295. [1822].

» *nitidula* Sowb. Gen. of shells, p. 7.

» *nitida* Orb. in Sagra, p. 231.

Habita en abundancia en toda la *Isla!* y en las demás *Antillas*. Corresponde al subgénero **Nitidella Swains.**

C. obesa Ad.

Columbella obesa C. B. Ad. [Buccinum] Contrib. to Conch IV. p. 55. [1850].

» *costulata* C. B. Ad. loc. c. p. 58. [1859].

Habita en *Cuba!* y tambien en *Jamaica* y *Guadalupe* [Petit].

C. ovulata Lam.

Columbella ovulata Lam. Ann. s. vert. VII. p. 295. [1822].

» » Orb. in Sagra, p. 230.

Habita en *Cuba!* rara: tambien en *Puerto Rico!*, *Bahamas* [Raw., Krebs]. Corresponde al subgénero **Conella Swains.**

C. pulchella Kien.

Columbella pulchella Kien.

Buccinum triticum Sol.: doc. Dkr.

Habita en abundancia en las cercanías de la *Habana!* Corresponde al subgénero **Mitrella Risso.**

C. pusilla Pfr.

Buccinum pusillum Pfr.

Columbella Duclosiana Orb. in Sagra, p. 232, lám. XXI, f. 31–33.

Habita en *Cuba!* frecuente en las arenas de la *Chorrera!* y de *Playa del Chivo!* Corresponde al subgénero **Mitrella Risso.**

C. Sagra Orb.

Columbella Sagra Orb. in Sagra, p. 233, lám. XXI, f. 28-30.

Habita en *Guadalupe* [Orb.]

C. striata Duclos.

Columbella striata Duclos.

Habita en *Cuba* [Gundl.].

Gen. Nassa.

N. antillarum Orb.

Nassa antillarum Orb. in Sagra, p. 236, lám. XXIII, f. 1–3.

Comunicada esta especie al Dr. Dunker la nombró **Nassa Sturmii Phil.** que es de Filipinas, segun Cuming. Mr. Krebs, de acuerdo conmigo, la cree bien nombrada por el Sr. d'Orbigny. Mr. Harper Pease, que la recibió de mí, me escribió que no era la especie de Philippi.

Habita en abundancia en *Cuba!*, bahía de la *Habana!*, *Cabañas!* en poca profundidad: tambien en *Guadalupe* [Orb.].

N. Candei Orb.

Nassa Candei Orb. in Sagra, p. 236, lám. XXIII, f. 4–6.

Comunicada al Dr. Dunker la nombró **N. ambigua Pult. Nassa incrassata Strom.** De acuerdo con Mr. Krebs la considero bien nombrada *N. Candei Orb.*

Habita en *Cuba*! abundando en las cercanías de la *Habana*, á cuyas orillas los traen los *Pagurus*. Tambien en *Bahamas* [Raw., Krebs.].

N. Hotessieri Orb.

Nassa Hotessieri Orb. in Sagra, p. 236.

» *Hotessieriana* Orb. in Sagra, lám. XXI, f. 40–42.

Habita en *Jamaica*, *Guadalupe* y *Martinica* (Orb.).

N. polygona Lam.

Buccinum polygonum Lam. Ann. s. vert. VII, p. 278.

Habita en *Cuba*, *Martinica*, *Guadalupe* y *Rio Janeiro* (Orb.).

Gen. Neritula.

N. neritea L.

Buccinum neriteum L., var. min.

Habita en *Cuba* (Clerch, Cisneros).

Phos.

Ph. Candei Orb.

Cancellaria Candei Orb in Sagra, p. 228.

» *Candeana* Orb. loc. c., lám. XXI. f. 23, 24.

Habita en *Cuba* (Gundl.) y en *Martinica* (Orb.).

Ph. Guadalupensis Petit.

Nassa Guadalupensis Petit, Journ. Conch. III, p. 56. (1852).

Habita en *Cuba!*, *Cabo Cruz* (Gundl.) y en *Guadalupe* (Orb.).

Gen. Purpura.

P. clathrata A. Ad.

Purpura clathrata A. Ad.

Habita en *Cuba!*, rara.

P. Floridana Conrad, Journ. Acad. N. sc. VII, p. 265, tab. 20, f. 21.

Purpura Gundlachi Dkr.

Habita en *Cuba!* abunda en el puerto de la *Habana!*: tambien en la bahía de *Tapuya* (Jay), en *Florida* y *Alabama* (Conrad), y en *Bahamas* (Raw., Krebs).

El Sr. Petit, en el Journal de Conchyliologie, dice: que Gould hace una observacion importante acerca de la **Melongena bispinosa Phil.**, la cual Gould cree una variedad y la que reproduzco á continuacion, aunque estoy convencido de que son dos buenas especies.

«Esta concha (**Melongena bispinosa Phil.** *Journ. Conch.* «1852, p. 157, pl. 8, f. 3), es una de las formas de la **Purpura** «**Floridana Conrad** (*Journ. acad. nat. se. VII, pl. 7, fig. 21*) «figurada así por M. Reeve en su Monografía de los Púrpuras, «pl. 9, f. 44; esta es una especie muy variable.»

P. galea Chemn.

Murex galea Chemn. Conch. Cab. X, p. 237, tab. 160, f. 1518-19. (1788).

Pyrula abbreviata Lam. Ann. s. vert. VII, p. 146. (1822).

Purpura galea Orb. in Sagra, p. 239.

Habita en *Cuba!* siendo muy comun: tambien en *Guadalupe* (Petit), *Bahamas* (Raw., Krebs).

P. patula L.

Buccinum patulum L. Syst. nat. ed. 12, p. 1202. (1767).

Purpura patula Orb. in Sagra, p. 237.

Habita en *Cuba!* pegada en los arrecifes á poca profundidad, es muy abundante: tambien se halla en *Martinica* y *Guadalupe* (Orb.) y *Bahamas* (Raw., Krebs).

P. subdeltoidea Blainv.

Purpura subdeltoidea Blainv., Mém. sur les Pourpres, p. 26, tab. 9, f. 11. (1832).

» » Orb. in Sagra, p. 238.

Habita en *Cuba* y *Martinica* (Orb.).

P. trapa Bolt.

Purpura trapa Bolt.

» *deltoidea* Lam.

Murex nodus L.

Hippocastanum fasciatum Mart.

Habita en *Cuba!*, abundante en las bahías de la *Habana* y de *Cabañas!* en poca profundidad: tambien en *Bahamas* (Raw.).

P. undata Lam.

Purpura undata Lam. Ann. s. vert. VII, p. 238. (1822).

» » Orb. in Sagra, p. 236.

Habita en *Cuba!* muy abundante, cogiéndose hasta en seco cuando baja la marea.

Gen. Coralliophila.?

C.? plicata L.

Murex plicatus L., Gml. Syst. nat. ed. 13, p. 3551.

Cantharus crossus Bolt.

Habita en *Cuba* (Gundl.): tambien en *Bahamas* [Raw., Krebs).

Gen. Ricinula.

R. ferruginosa Rve.

Ricinula ferruginosa Rve., Conch. Ic. tab. 6, f. 50.

Purpura marginalba? Blainv.

Habita en *Cuba!* y tambien en *Bahamas* (Raw.).

R. nodulosa Ad.

Purpura nodulosa C. B. Ad. in Proc. Bost. Soc. II. p. 2. (1845).

Habita en *Cuba!* á poca profundidad, se pescan muchas en la *Habana!*: tambien en *Guadalupe* (Beau) y *Bahamas* (Raw., Krebs.).

R. turbinella Kien.

Ricinula turbinella Kien. Icon. tab. 9, f. 25.

Habita como la anterior: y tambien en *Jamaica* (Jay), *Bahamas* y *Barbudas* (Raw.) y *Guadalupe* (Beau). Subgénero **Engina Gray.**

Gen. Litiopa.

L. maculata Rang.
Litiopa maculata Rang. Ann. des. sc. nat., t. XVI, p. 203.
» *melanostoma* Rang. loc. c.
Habita, hallado en las arenas de Cuba (Poey).

L. striata Pfr.
Litiopa striata Pfr.
Habita en *Cuba* (Gundl.).

Gen. Pusio.

P. pennatus Mart.
Buccinum pennatum Mart. Conch. Cab. IV. p. 73, tab. 127, f. 1218–20. (1780).
Murex accinctus Born. Ind. mus. caes. p. 317 (1780).
Buccinum plumatum Gml. Syst. nat. ed. 13, p. 3494. (1789.)
Fusus articularis Lam. Ann. s. vert. VII, p. 132. (1822).
Purpura accincta Orb. in Sagra, p. 239.
Habita en *Cuba!* abundando en *Baracoa!*: tambien en *Bahamas* (Raw.).

Gen. Sinusigera.

S. cancellata Orb.
Sinusigera cancellata Orb. in Sagra, p. 211, lám. XXIII, f. 7–9.
Habita en *Jamaica* (Orb.).

Gen. Planaxis.

P. lineatus Da-Costa.

Buccinum lineatum Da-Costa, Brit. sh. tab. 8. f. 5.
» *pediculare* Lam. Ann. s. vert., p. 177.

Habita en *Cuba!*, muy abundante: tambien en *Bahamas*.

P. nucleus Wood.

Buccinum nucleus Wood, Ind. test. n. 91. (1828).
Planaxis sulcatus Lam. Ann. s. vert. 2ª ed., p. 236.
» *nucleus* Orb. in Sagra, p. 241.

Habita en *Cuba!* muy abundante: tambien en *Jamaica* (Jay) y *Barbadas* [Raw.]

P. semisulcatus Sowb.

Planaxis semisulcatus Sowb.

Habita en *Cuba!* [Gundl.].

Gen. Terebra.

T. cinerea Born.

Buccinum cinereum Born, Mus. caes., tab. 10, f. 11, 12.
Terebra aciculina Lam. Ann. s. vert. VII, p. 290. [1822].
» *cinerea* Orb. in Sagra, p. 212.

Habita en *Cuba!* rara: tambien en *Guadalupe* y *Sta Lucia* [Orb.]

T. hastata Gml.

Buccinum hastatum Gml. Syst. nat. ed. 13, p. 3502.

Habita en *Cuba!*, *Cayo francés* [Cisneros], no es rara: tambien en *Guadalupe* [Beau] y *Bahamas* [Raw., Krebs].

T. jamaicensis Adams.

Terebra jamaicensis C. B. Ad. Contr. to conch. p. 58. [1850].

El **Buccinum strigillatum**, var. V. Gml., la **Terebra luctuosa** Hinds, y la **Terebra caerulescens** Lam. son de comparar con esta especie.

Habita en *Cuba!* y en todas las *Antillas*.

T. rudis Gray.

Terebra rudis Gray in Proc. Zool. Soc. London, p. 60. [1834.]

» *Petitii* Kien.

Habita en *Cuba!*: tambien en *Bahamas* [Raw.] y en *Carolina del Sud* [Jay].

Gen. Cerithium.

C. albidus A. Ad.

Cerithium albidus A. Ad.

Habita en *Cuba!* abunda en la arena de la *Playa del Chivo!*.

C. algicola Adams.

Cerithium algicola C. B. Ad. in Proc. Bost. Soc. II. p. 5 [1845].

Habita en *Cuba!*: tambien en *Bahamas* [Raw.].

C. decoratum Adams.

Cerithium decoratum C. B. Ad. Contr. to conch. n. 7. p. 117. [1850].

Habita en *Cuba!* en la arena de *Playa del Chivo*, raro.

C. eburneum Brug.

Cerithium eburneum Brug. Dict. n. 41. [1789].

» » Orb. in Sagra, p. 243.

Habita en *Cuba!* [Gundl.!]: tambien en *Guadalupe* y *Martinica* [Orb.] y en *Bahamas* [Krebs].

C. ferrugineum Say.

Cerithium ferruginum Say, Amer. conchol. V, p. 203, t. 49, f. 3. [1832.]

» *variabile* C. B. Ad. in Proc. Bost. Soc. II. p. 5. [1845].

» *versicolor* C. B. Ad. Contr. to conch. n. 7, p. 119. [1850].

Habita en *Cuba!*: tambien en *Bahamas* [Raw., Krebs.], la *Florida* [Say], *Jamaica* [Ad. Jay] *S. Carolina* [Jay].

C. flavum? Adams.

Cerithium flavum? C. B. Ad. Contr. to conch. n. 7, p. 122. [1850].

Habita en *Cuba!*, raro en la arena de la playa de *Marianao*: tambien en *Jamaica* [Ad.].

C. gemmulosum Adams.

Cerithium gemmulosum C. B. Ad. Contr. to Conch. n. 7, p. 120. (1850).

Habita en *Cuba!* abundante en la *Playa del Chivo!*: tambien en *Jamaica* [Ad., Jay].

C. gibberulum Adams.

Cerithium gibberulum C. B. Ad. in Proc. Bost. Soc. II, p. 5. (1845).

» *columellare* Orb. in Sagra, p. 211, lám. XXIII, f. 13–15.

» *pallidum* Pfr.: doc. Dkr.

Habita en *Cuba!* abundando en las arenas de *Playa del Chivo!*, *Chorrera!*, *Cárdenas!* (Gundl.!): tambien en *Guadalupe*, *Jamaica*, *Sto. Domingo* y *S. Thomas* [Orb.]. Pertenece al subgénero **Bittium Leach.**

C. guinaicum Phil.

Cerithium guinaicum Phil.

Habita en *Cuba* (Poey).

C. lima Brug.

Cerithium lima Brug, Dict. n. 33, [1789].

» » Orb. in Sagra, p. 213.

Habita en *Cuba* [Poey]: tambien en *Martinica* y *Guadalupe* (Orb.].

C. litteratum Born.

Murex litteratum Born. Mus. tab. 11, f. 11, 15.

Cerithium litteratum Orb. in Sagra, p. 213.

Habita en *Cuba!* entre las plantas de la orilla á poca profundidad en *Playa del Chivo!*, *San Lázaro!*: tambien en *Guadalupe*, *Martinica* y *S. Thomas* [Orb.], y *Bahamas* (Raw.).

Esta especie varía mucho en forma y color.

C. muscarum Say.
Cerithium muscarum Say, Amer. Conch. V. p. 201, t. 49, f. 1. [1832].
» » Orb. in Sagra, p. 245.
Habita en *Cuba* (Orb.) y *Florida* (Say.)

C. nivosum Say, var.
Cerithium nivosum Say, var.
Habita en *Cuba* (Gundl.!).

C. punctatum?
Habita en *Cuba*!: tambien en *Guadalupe* (Petit).

C. reticulatum Mont.
Cerithium reticulatum Mont.
Habita en *Cuba*! (Gundl.).

C. Sagrae Orb.
Cerithium Sagrae Orb. in Sagra, p. 245, lám. XXIII, f. 17-19.
Habita en *Cuba*!, muy abundante en la *Habana*!, *Chorrera*!, *Playa del Chivo*!

C. semiferrugineum Lam.
Cerithium semiferrugineum Lam.
» *tuberculatum* Sow.: doc. Jay.
Habita en *Cuba*! abundando en poca profundidad en la bahía de *Cabañas*! entre las plantas.

C. septem-striatum Say.
Cerithium septem-striatum Say, Amer. conch. V. p. 202, t. 49, f. 2. [1832].
» *nigrescens* Mke., Kien. Icon. p. 60.
» *Eriense* Val.: doc. Jay.
Habita en *Cuba*! hallándose á millares en las cercanías de la *Habana*: tambien en la *Florida* (Say), en *Jamaica* (Jay) y en *Bahamas* [Raw.]

C. stercus-muscarum Say.
Cerithium stercus-muscarum Say.
Habita en *Cuba*!

C. striatissimum Sowb.
Cerithium striatissimum Sowb.
Habita en *Cuba*! [Gundl.].

C. terebellum Adams.
Cerithium terebellum C. B. Ad.
Habita en *Cuba*!, abunda en la arena de *Playa del Chivo*: tambien en *Bahamas* (Raw].

Gen. Triforis.

T. turris-Thomae Chemn.
Turbo turris-Thomae Chemn.
Cerithium turris-Thomae Orb. in Sagra, p. 244, lám. XXIII, f. 10–12.
Habita en *Cuba*!: tambien en *Guadalupe* (Beau).

Gen. Cerithidea.

C. costata Da Costa.
Cerithium costatum Da Costa, Wood Ind. test. tab. 25, f. 13.
» *ambiguum* C. B. Ad. in Proc. Bost. Soc. II, p. 4. (1845).
» *Lafondi* Mich. } doc. Dkr.
» *servile* C. B. Ad. } doc. Dkr.
» *Petitii* Kien.: doc. Krebs.
Habita en *Cuba*!, muy abundante en el litoral cenagoso: tambien en *Jamaica* (Ad.), *S. Thomas* (Krebs), *Bahamas* (Raw.).

C. iostoma Pfr.
Potamides iostomus Pfr.
Habita en *Cuba*! como la anterior.

C. tenuis Pfr.
Potamides tenuis Pfr.
Cerithium Lavalleanum Orb. in Sagra, p. 245, lám. XXIII, f. 16.
Habita en *Cuba*!

FAM. MURICIDAE.

Gen. Murex.

M. alveatus Kien.

Murex alveatus Kien.

Habita en *Cuba*!, en las cercanías de la *Habana* abunda. Pertenece al subgénero **Ocenebra Leach.**

M. bellus Rve.

Murex bellus Rve. Conch. Ic. tab. 21, f. 84.

Habita en *Cuba*!, en la bahía de *Matanzas*!: tambien en *Santo Domingo* (Jay).

M. cornu-cervi Mart.

Purpura cornucervi Mart.

Murex brevifrons Lam.

» *calcitrapa?* Lam.

Habita en *Cuba*! abunda en la *Habana*!, *Matanzas*: tambien en *Guadalupe*, *Martinica* y *S. Thomas* (Orb.) y *Bahamas* (Raw.).

M. cyclostomus? Lam.

Murex cyclostomus? Lam.

Habita en *Cuba*! no he visto mas que tres individuos jóvenes en mal estado: tambien se halla en *Bahamas* (Raw.).

M. decussatus? Rve.

Murex decussatus? Rve.

Habita en *Cuba*! abundando muerto en la *Punta*! á donde lo llevan los *Pagurus*, siempre en mal estado. Pertenece al género **Typhys Mont.**

M. elegans Beck.

M. elegans Beck, Sowb. Conch. Ill. Murex, n. 19, f. 84.

Habita en *Martinica* y *Sto. Domingo* [Orb.].

M. elongatus Lam.

Murex elongatus Lam., Rve. Conch. Ic. t. 6, f. 26.

Habita en *Cuba!* (Gundl.): tambien en *México* y las *Antillas* (Orb.).

M. pauperculus Adams.

Murex pauperculus C. B. Ad. Contrib. to Conch. p. 60. (1850).

Triton Cantrainei Recluz, in Journ. conch. tab. 8, f. 10 [1853].

Habita en *Cuba!*: raro en las cercanías de la *Habana!*: tambien en *Guadalupe* (Recluz) y *Bahamas* [Raw.].

M. pomiformis Mart.

Murex pomiformis Mart.

» *pomum* Gml. Syst. nat. ed. 13, p. 3572. (1789).

» *asperrimus* Lam. Ann. s. vert. VII, p. 64. (1822).

» *Mexicanus* Petit, Journ. conch. p. 51, t. 2, f. 9. (1852).

Habita en *Cuba!*, en la bahía de la *Habana* entre tres y ocho brazas de profundidad: tambien en la isla de *S. Vicente* (Jay), en *Mexico* (Petit), *Rio Janeiro, Guadalupe, Martinica* y *S. Thomas* (Orb.) y en *Bahamas* (Raw., Krebs).

M. rufus Lam.

Murex rufus Lam.

Habita en *Cuba!* en la bahía de *Cabañas* desde media hasta dos brazas de profundidad en abundancia: tambien en *Bahamas* (Krebs).

M. trilineatus Rve.

Murex trilineatus Rve.

» *motacilla* Chemn.

» *Antillarum* Orb.

Habita en *Cuba!* abunda en *Palmasola* cerca de Matanzas! donde salen de cuarenta brazas de profundidad en las nasas de los pescadores.

El **Murex Cailleti Petit** y **Murex similis Sowb.** parecen ser variedades de esta especie.

Gen. Muricidea.

M. hexagona Lam.
Murex hexagona Lam., Encycl. méth. t. 418, f. 3 a. b.
Habita en *Cuba*!: tambien en *Bahamas* (Raw.).

Gen. Triton.

T. chlorostomum Lam.
Triton chlorôstoma Lam., Ann. s. vert. VII, p. 185. (1822).
» *pulchellus* C. B. Ad.
» *chlorostoma* Orb. in Sagra, p. 248.
Habita en *Cuba!* abundante en la *Habana!* á poca profundidad: tambien en *Guadalupe*, *Martinica* y *Sta. Lucia* (Orb.) y en *Bahamas* (Raw.). Pertenece al subgénero **Simpulum Klein.**

T. commutatum Dkr.
Triton commutatum Dkr.
Sumamente parecido al **Triton variegatum Lam.** con cuyo nombre lo teníamos en las colecciones. El Dr. Dunker le ha dado la denominacion con que la presentamos; ignoro en qué se funda, pues no veo diferencias, y si conservo este nombre, es respetando la opinion de tan ilustre maestro.
Habita en *Cuba!* muy comun: tambien en *Guadalupe* (Beau) y en *Bahamas* (Raw.).

T. cynocephalum Lam.
Triton cynocephalum Lam.
» *costatum* Born. } doc. Krebs.
» *succinctum* Lam. }
Habita en *Cuba!* raro: en *Guadalupe* (Beau) y *Bahamas* (Raw., Krebs).

T. femorale L.
Murex femorale L., Gml. Syst. nat. ed. 13, p. 3533. (1789).
Triton femorale Orb. in Sagra, p. 212.

Habita en *Cuba!*: tambien en *Guadalupe*, *Martinica* y *Sta. Lucía* (Orb.) y en *Bahamas* (Raw. Krebs).

T. labiosum Wood.

Triton labiosum Wood.

» *Loroisi* Petit Journ. conch. III, p. 53, tab. 2, f. 8. (1852).

Habita en *Cuba!* muy abundante en las cercanías de la *Habana!* y *Matanzas!*: tambien en *Guadalupe* (Beau) y *Bahamas* (Krebs).

T. lanceolatum Mke.

Triton lanceolatum Mke., Kien. Icon. p. 27, tab. 18, f. 1.

Habita en *Cuba!*: tambien en *Jamaica* (Jay), *Puerto Rico* (Arcas), *Guadalupe* (Petit) y *Bahamas* (Raw.). Corresponde al subgénero **Epidromis Klein.**

T. nodulus Mart.

Tritonium nodulus Mart.

Triton tuberosus Lam. Ann. s. vert. 2ª ed., p. 635.

Distortio muricina Bolt.

Murex ranunculus Meusch.

Triton pyriformis Conrad.

Triton Antillarum Orb. in Sagra, p. 248, lám. XXIII, f. 20.

Habita en *Cuba!* abundante: tambien en *Guadalupe* (Beau) y *Bahamas* (Raw.). Pertenece al subgénero **Gutturium Klein.**

T. parvus Adams.

Triton parvus C. B. Ad. Contrib. to conch. n. 4, p. 59. (1850).

Habita en *Cuba!* abunda en las cercanías de la *Habana!* debajo de las piedras á poca profundidad: tambien en *Jamaica* (Ad.). Pertenece al subgénero **Epidromis Klein.**

T. pilearis L.

Murex pilearis L., Gml. Syst. nat. ed. 13, p. 3534.

Triton pilearis Lam., Ann. s. vert. VII. p. 282. (1822).

» *americanum* Orb., Voy. dans l'Amér. mer. p. 449. (1846).

» » Orb. in Sagra, p. 249, lám. XXIII, f. 22.

» *Martinianum* Orb. loc. c.

» *aquatilis?* Rve.

Habita en *Cuba!* muy comun, varía mucho su forma y tamaño: tambien en *Guadalupe, Sta. Lucía* y *S. Thomas* (Orb.) y *Bahamas* (Raw.). Pertenece al subgénero **Simpulum Klein.**

T. rubecula L.

Murex rubecula L., nec. typus.

El verdadero **Triton rubicula (Murex) L.**, Gml. Syst. nat. ed. 13, p. 3535, es de Filipinas y es muy probable que no pase de ser mas que una variedad de la especie anterior.

Habita en *Cuba!*. Pertenece al subgénero **Simpulum Klein.**

T. testaceus Mörch.

Triton testaceus Mörch.

Habita en *Cuba!* y en *Bahamas*. Subgénero **Epidromus Klein.**

T. vespaceus? Lam.

Triton vespaceus? Lam.

Tambien se aproxima mucho al **Triton gemmatus Reeve.**

Habita en *Cuba!*, abunda en la bahía de *Matanzas!*

Gen. Tritonidea.

T. auricula Lam.

Buccinum auriculus Lam.

» *Coromandelianum* Lam. Ann. s. vert. 2ª ed. p. 169.

Triton caribaeum Orb. in Sagra, p. 249.

Habita en *Cuba!* abunda en la bahía de *Matanzas!*

T. antillarum Dkr.

Tritonidea Antillarum Dkr.

Habita en *Cuba!*, abundante en la *Habana* y *Cabañas*, á poca profundidad debajo de las piedras.

Gen. Ranella.

R. caudata Say. var.

Ranella caudata Say, var.

Habita en *Cuba!* [Gundl.].

R. Cubaniana Orb.

Ranella cubaniana Orb. in Sagra, p. 251, lám. XXIII, f. 24.

Habita en *Cuba!* frecuente cerca de la *Habana!*: tambien en *Santa Lucia* [Orb.] y *Bahamas* [Raw.].

R. Grayana Dkr.

Ranella Grayana Dkr. in Proc. Zool. Söc. London, p. 238 [1862.]

Nombrada así por el Dr. Dunker, á quien se comunicó el ejemplar que poseía. El Dr. Dunker dice en los Proceedings. loc c. "Hab. *Mare Erythraeum.*"

Habita en *Cuba!* rara, tres ejemplares cogidos por mí en las cercanías de la *Habana!*

R. ponderosa? Rve.

Ranella ponderosa? Reeve.

Esta especie se parece mucho á la **R. ponderosa Rve.** que se halla en *Bahamas* segun lo aseguran los Sres Rawson y Krebs, aunque parece que su verdadera patria es Africa, y tambien á la **R. pustulosa** que es del *Pacífico.*

Habita en *Cuba!*, dos ejemplares hallados por mí sobre las costas de *Baracoa.*

R. Thomae Orb.

Ranella Thomae Orb. in Sagra, p. 250, lám. XXIII, f. 23, 24.

Habita en *Cuba!* abunda en las cercanías de la *Habana!*: tambien en *S. Thomas* [Orb.]

FAM. FUSIDAE.

Gen. Fusus.

F. lamellosus.

Fusus lamellosus.

Habita en *Cuba!*

F. morio L.
Murex morio L., Gml. Syst. nat. p. 3544. [1789].
Fusus coronatus Lam. Ann. s. vert. VII, p. 127. [1822].
» *morio* Orb. in Sagra, p. 251.
Habita en *Cuba, Martinica* y el *Brasil* [Orb.].

Gen. Pyrula.

P. melongena. L.
Murex melongena L. Gml. Syst. nat. p. 3540. [1789].
Pyrula melongena Orb. in Sagra, p. 252.
Habita en *Cuba!* abundando en toda la *Isla* y presentando muchas variedades: tambien en *Guadalupe, Martinica, Cartagena* y la *Florida* [Orb.] y en el *Brasil* [Jay]. Pertenece al subgénero **Cassidulus Humphrey.**

La **Melongena Belknapi Petit,** Journ. conch. III, p. 65, pl. 2, f. 5, es muy probable que sea la misma especie.

Gen. Busycon.

B. aruanum L.
Murex aruanum L., Gml. Syst. nat. ed. 13, p. 3546 n. 71.
» *perversus* L., loc. c. n. 72.
Pyrula perversa Orb. in Sagra, p. 252.
Habita en *Cuba*! [Orb.] y en la *Florida*.

B. pyrum Lam.
Pyrula spirata Lam. Ann. s. vert. ed. 2ª, p. 512.
Habita en *Cuba*! y en la *Florida* [Orb.].

Gen. Fasciolaria.

F. gigantea Orb.
Fasciolaria gigantea Orb. in Sagra, p. 253, lám. XXIII, f. 25.
Habita en *Cuba*! [Orb.] y en *Bahamas* [Raw.].

F. tulipa L.

Murex tulipa L., Gml. Syst. nat. p. 3550. [1789].
Fasciolaria tulipa, var. Dkr. Novit. Conch. p. 37, tab. XXIII, f. 1-3.

Habita en *Cuba*! abunda en profundidad de una á ocho brazas: tambien en *Guadalupe*, *Martinica*, *S. Thomas* y la costa de *Colombia* [Orb.] y en *Bahamas* [Raw., Krebs].

Gen. Pleurotoma.

P. albomaculata Orb.

Pleurotoma albomaculata Orb. in Sagra, p. 258, lám. XXIV, f. 16 á 18.

Habita en *Cuba* (Orb.) y *Guadalupe* (Beau). Pertenece al subgénero **Crassispira Sw.**

P. Antillarum Orb.

Pleurotoma antillarum Orb. in Sagra, p. 256, lám. XXIV, f. 1-3.

Habita en *Cuba* (Orb.) y *Guadalupe* (Beau).

P. Auberiana Orb.

Pleurotoma Auberiana Orb. in Sagra, p. 256, lám. XXIV, f. 4-6.

Habita en *Cuba* (Orb.).

P. badia Rve.

Pleurotoma badia Rve.
» *laqueata* Rve.
» *candidissima* C. B. Ad., Proc. Bost. Soc. II, p. 3. (1845).
» *densestriata* C. B. Ad., Contr. to conch. n. 4, p. 65. (1850).

Habita en *Cuba!*, frecuente en la arena: tambien en *Jamaica* (Ad.) y *Bahamas* (Raw.). Pertenece al subgénero **Mangelia Leach.**

P. biconica Adams.

Pleurotoma biconica C. B. Ad., Contr. to conch. n. 4, p. 65. (1850).

Habita en *Cuba* (Poey) y en *Jamaica* (Ad.).

P. Candeana Orb.

Pleurotoma Candeana Orb. in Sagra, p. 257, lám. XXIV, f. 10–12.

Habita en *Martinica* y *Guadalupe* (Orb.).

P. caribaea Orb.

Pleurotoma caribaea Orb. in Sagra, p. 256, lám. XXIV, f. 32–34.

Habita en *Cuba*, *Martinica* y *Guadalupe* (Orb.).

P. coccinata Rve.

Pleurotoma coccinata Rve.

Habita en *Cuba!*

P. costata Gray.

Pleurotoma costata Gray, Reeve, Conch. Icon. Pleurot., sp. 298, t. 33.

» » Orb. in Sagra, p. 254.

Habita en *S. Vicente* (Rve.) y en *Guadalupe* y *Martinica* (Orb.).

P. Dorvillae Gray.

Pleurotoma Dorvillae Gray, Reeve, Conch. Icon., Pleurot., t. 28, n. 249.

» » Orb. in Sagra, p. 254.

Habita en *Cuba!* abunda en la arena de *Playa del Chivo:* tambien en *Bahamas* (Raw.).

P. Dysoni Rve.

Pleurotoma Dysoni Rve., Conch. Ic. t. 34, f. 315. (1845).

Habita en *Cuba!* y en *Honduras* (Jay).

P. elatior Orb.

Pleurotoma elatior Orb. in Sagra, p. 256, lám. XXIII, f. 35–37.

Habita en *S. Thomas* (Orb.).

P. fucata Rve.

Pleurotoma fucata Rve.

Esta especie es de compararse con el **Pleur. Saulcydianum Recluz.** Journ. conch. II. p. 209, t. 5, f. 6.

Habita en *Cuba!*, no es raro: tambien en *Bahamas* (Raw.).

P. Guildingii Rve.
Pleurotoma Guildinguii Rve., Conch. Ic., Pleurot., t. 30, sp. 268.
» » Orb. in Sagra, p. 254.
Habita en *Cuba* y *S. Vicente* (Orb.).

P. Lavalleana Orb.
Pleurotoma Lavalleana Orb. in Sagra, p. 257, lám. XXIV, f. 7-9.
Habita en *Cuba, Guadalupe, Jamaica* y *Martinica* (Orb.).

P. lineolata? Rve.
Pleurotoma lineolata? Rve.
Habita en *Cuba!*

P. luctuosa Orb.
Pleurotoma luctuosa Orb. in Sagra, p. 255, lám. XXIII, f. 29-31.
Habita en *Cuba* (Orb.)

P. monilifera Sowb.
Columbella monilifera Sowb. in Proc. Zool. Soc. London, p. 53. (1844).
Pleurotoma fusco-lineata C. B. Ad., Proc. Bost. Soc. II, p. 4, (1845).
Habita en *Cuba!* abundando en la arena de la *Playa de Marianao!* tambien en *Jamaica* [Jay.].

P. nigrescens Gray.
Pleurotoma nigrescens Gray, Rve., Conch. Ic., Pleurot., t. 26, n. 235.
» » Orb. in Sagra, p. 254.
Habita en *S. Vicente* (Orb.) y *Bahamas* (Raw.).

P. obesicostata Rve.
Pleurotoma obesicostata Rve.
Habita en *Cuba!* raro.

P. ornata Orb.
Pleurotoma ornata Orb. in Sagra, p. 255, lám. XXIII, f. 26-28. [1846].
» *albocinata?* Ad., Proc. Bost. Soc. II., p. 3. [1845].
Habita en *Cuba!* abunda en las cercanías de la *Habana!*:

tambien en *Jamaica* (Ad.) y *Bahamas* (Raw). Pertenece al subgénero **Crassispira Swains.**

P. parvula Rve.
Pleurotoma parvula Rve.
Habita en *Cuba!* muy abundante en la arena de *Playa del Chivo!*

P. pentagonalis Gray.
Pleurotoma pentagonalis Gray, Rve. Conch. Ic., Pleurot., t. 28, sp. 255.
Habita en *Cuba!*, no es raro: tambien en la isla de *S. Vicente* [Orb.].

P. pulchella? Gray.
Pleurotoma pulchella? Gray.
Habita en *Cuba!*

P. pura Rve.
Pleurotoma pura Rve.
Habita en *Cuba!*, raro.

P. pusilla Ad.
Pleurotoma pusilla Ad.
Habita en *Cuba!* [Poey]. Pertenece al subgénero **Mangelia Leach.**

P. rustica Sowb.
Pleurotoma rustica Sowb., Rve. Conch. Ic. t. 11, f. 91.
» *fuscescens* Gray: doc. Krebs.
» *thiarella* Val.: doc. Jay.
Habita en *Cuba!* abundando en las cercanías de la *Habana!*

P. sacra? Rve.
Pleurotoma sacra? Rve.
Habita en *Cuba!*

P. sinuata Rve.
Pleurotoma sinuata Rve.
Habita en *Cuba!* abunda en la arena de *Marianao!* Pertenece al subgénero **Cithara Schum.**

P. trifasciata Gray.
Pleurotoma trifasciata Gray, Rve. Conch. Ic. t. 33, f. 297. [1845].

Mangelia trilineata C. B. Ad. Proc. Bost. Soc. II, p. 3. [1845].
Habita en *Cuba!*, algo raro.

P. Vespuciana Orb.
Pleurotoma Vespuciana Orb. in Sagra, p. 257, lám. XXIV, f. 13–15.
Habita en *Cuba! Martinica* y *Guadalupe* [Orb.].

Gen. Daphnella.

D. lymnaeiformis Kien.
Daphnella lymnaciformis Kien.
Habita en *Cuba!*, frecuente en las cercanías de la *Habana!*: tambien en *Bahamas* [Raw., Krebs.] y *Guadalupe* {Beau].

D. patula Rve.
Daphnella patula Rve.
Habita en *Cuba* [Gundl.].

Gen. Turbinella.

T. attenuata? Rve.
Turbinella attenuata? Rve.
Habita en *Cuba!*, rara. Pertenece al género **Latirus Montf.**

T. Barclayi Rve.
Turbinella Barclayi Rve. Conch. Ic., t. 4, f. 20.
Habita en *Cuba!* [Gundl.]. Pertenece al subgénero **Leucozonia Gray.**

T. brevicaudata Rve.
Turbinella brevicaudata Rve.
Habita en *Cuba!* y en *Bahamas* [Raw.]. Subgénero **Latirus Montf.**

T. capitellum L.
Voluta capitellum L., Gml. Syst. nat. ed. 13, p. 3462 [1789].
Turbinella capitellum Orb. in Sagra, p. 259.
Habita en *Guadalupe, Martinica* y *Sta. Lucía* (Orb.).

T. distincta A. Ad.

Turbinella distincta A. Ad.

Habita en *Cuba!* hallada en la *Chorrera!*, rara.

T. infundibulum Gml.

Murex infundibulum Gml. Syst. nat. p. 3554. [1789].

Turbinella infundibulum Orb. in Sagra, p. 259.

Habita en *Cuba!*, frecuente en *Baracoa!*. Tambien en *Guadalupe*, *Martinica* y *Santa Lucía* [Orb.]. Subgénero **Latirus Montf.**

T. nassa Gml.

Murex nassa Gml. Syst. nat. p. 3551. (1789).

Turbinella cingulifera Lam. Ann. s. vert. VII, p. 107. [1822].

» *nassa* Orb. in Sagra, p. 258.

Habita en *Cuba!* abundando: tambien en *Martinica*, *Guadalupe*, *Sta. Lucía* y *S. Thomas* [Orb.] y en *Bahamas* [Raw.] Pertenece al subgénero **Leucozonia Gray.**

T. occellata Gml.

Buccinum occellatum Gml. Syst. nat. ed. 13, p. 3488 (1789).

Turbinella nigella Chemn.

Habita en *Cuba!* abundando: tambien en *Bahamas* [Raw.]. Subgénero **Leucozonia Gray.**

T. scolymus Gml.

Murex scolymus Gml. Syst. nat. ed. 13, p. 3553. [1789].

Habita en *Cuba!*, entre una y diez brazas de profundidad: tambien en *Bahamas* (Raw.). Pertenece al género **Scolymus Swains.**

Gen. Vasum.

V. muricatum Born.

Vassum muricatum Born. Wood, Ind. t. 21, f. 185.

Turbinella pugillaris Lam. Ann. s. vert. VII, p. 104 (1822).

» » Orb. in Sagra, p. 258.

Habita en *Cuba!* frecuente en *Baracoa!*

FAM. CASSIDAE.

Gen. Cassis.

C. flammea L.
Buccinum flammeum L., Gml. Syst. nat. p. 2473.
Cassis flammea Orb. in Sagra, p. 261.
Habita en *Cuba*! abundando: tambien en *Bahamas* [Raw.].

C. Madagascariensis Lam.
Cassis Madagascariensis Lam. Ann. s. vert. ed. 2ª, p. 20.
Habita en *Cuba*! abunda; el vulgo la conoce con el trivial de **Quinconque**: tambien en *Bahamas* (Raw., Krebs.)

C. tuberosa L.
Buccinum tuberosum L. Gml. Syst. nat. ed. 13, p. 3473.
Cassis tuberosa Orb. in Sagra, p. 261.
Habita en *Cuba*! muy abundante: conocido del vulgo con el trivial de **Quinconque**: tambien en *Guadalupe* (Beau) y *Bahamas* (Raw., Krebs.)

Gen. Semicassis.

S. recurvirrostrum Wood.
Buccinum recurvirrostrum Wood, Rve. sp. 16.
Habita en *Cuba*!

S. ventricosa Mart.
Cassis ventricosa Mart.
Cassidea granulosa Brug., Dict. n. 5 (1789).
Buccinum granulatum Born.
Cassis inflata Shaw.

Buccinum tessellatum Chemn.
Cassis granulosa Orb. in Sagra, p. 262.
Habita en *Cuba*!: tambien en *Guadalupe* (Beau) y *Bahamas* [Raw.].

Gen. Cypraecassis.

C. testiculus L.
Buccinum testiculus L., Syst. nat. ed. 12. [1767].
Cassis testiculus Orb. in Sagra, p. 261.
Habita en *Cuba*! abunda en poca profundidad: tambien en *Martinica* y *Brasil* (Orb.), *Guadalupe* (Beau) y *Bahamas* [Raw].

Gen. Cassidaria?

C? Coronadoi Crosse.
Cassis Coronadoi Crosse, Journ. conch. XV. p. 64, tab. V, VI. f. 1.
Habita en *Cuba*!, un solo ejemplar hallado por el Dr. Coronado en la bahía de *Matanzas*.

Gen. Oniscia.

O. oniscus L.
Strombus oniscus L. Syst. nat. ed. 12, p. 1210.
Habita en *Cuba*! abundante en poca profundidad entre las plantas de la bahía de *Cabañas*!, Habana!: tambien en *Guadalupe* y *Sta. Lucía* (Orb.) y *Bahamas* [Raw., Krebs.].

Gen. Dolium.

D. galea L.
Buccinum galea L., Gml. Syst. nat. ed. 13, p. 3469.
Habita *Cuba*!, abunda en las cercanías de *Trinidad*: tambien en *Bahamas* [Raw., Krebs.].

D. perdix L.
Buccinum perdix L., Gml. Syst. nat. ed. 13, p. 3470.
Dolium perdix Orb. in Sagra, p. 162.
Habita en *Cuba!* abundante: tambien en las demas *Antillas*, en *Africa* (Orb.) y *Guadalupe* (Beau).

FAM. HALIOTIDAE.

Gen. Stomatia.

S. picta Orb.
Stomatia picta Orb. in Sagra, p. 263, lám. XXIV, f. 19-21.
Habita en *Cuba* (Orb.).

FAM. CREPIDULIDAE.

Gen. Cochlolepas.

C. antiquatus L.
Patella antiquata L., Gml. Syst. nat. ed. 13, p. 3709. (1789).
» » L., Gml. loc. c. p. 3708.
Habita en *Cuba!* muy abundante: tambien en *Guadalupe* (Petit) y *Bahamas* (Raw.).

C. Arangoi Dkr.
Cochlolepas Arangoi Dkr.
Habita en *Cuba!*, muy raro.

C. incurva Gml.

Patella incurva Gml., Syst. nat. ed. 13, p. 3715. (1789).
Pileopsis intorta Lam. tom. VI. 2ª parte, p. 18, n. 3.
Capulus intortus Orb. in Sagra, p. 265, lám. XXIV, f. 22, 23.
Habita en *Cuba!* muy abundante.

C. subrufus Lister.

Patella subrufa Lister, Conch. tab. 544, f. 3 (1685).
Capulus subrufus Orb. in Sagra, p. 265, lám. XXIV, f. 24, 25.
Habita en *Cuba!* (Orb.)

Gen. Calyptraea.

C. equestris L.

Patella equestris L. Syst. nat. ed. 12, p. 1257 (1767).
Calyptraea Dillwynii Gray.
Habita en *Cuba!* abunda: tambien en *Barbadas* (Raw.)

Gen. Infundibulum.

I. Candeanum Orb.

Infundibulum Candeanum Orb. in Sagra, p. 267, lám. XXIV, f. 28, 29.
Habita en *Cuba* (Orb.).

Gen. Crepidula.

C. aculeata Chemn.

Patella aculeata Chemn. Conch. t. X, tab. 168, f. 1624–25. (1788).
Crepidula aculeata Orb. in Sagra, p. 267.
Habita en *Cuba* (Gundl.) y *Bahamas* (Raw.).

C. fornicata Lam.

Crepidula fornicata Lam.
Habita en *Cuba* (Poey).

C. hepatica Desh. var.

Crepidula hepatica Desh., var.
Habita en *Cuba* (Gundl.).

C. Listeri. Jonas. var.

Crepidula Listeri Jonas, var. }
» *porcellana* Lam, var. } doc. Dkr.
» *variegata*, Dkr. }
Habita en *Cuba*.

C. nivea Adams.

Crepidula nivea C. B. Ad.
Habita en *Cuba* (Gundl.).

C. plana Say.

Crepidula plana Say.
Habita en *Cuba* (Gundl.).

C. protea Orb.

Crepidula protea Orb. in Sagra. p. 268, lám. XXIV, f. 30-33.
Habita en *Cuba!* muy abundante en la bahía de la *Habana!*

FAM. FISSURELLIDAE.

Gen. Fissurella.

F. antillarum Orb.

Fissurella antillarum Orb. in Sagra, p. 271, lám. XXIV, f. 40–42.
Habita en *Cuba!* muy abundante en toda la costa. Pertenece al subgénero **Cremides H.** et **A. Ad.**

F. Barbadensis Gml.

Patella Barbadensis Gml. Syst. nat. ed. 13, p. 3729.
Fissurella radiata Lam.: doc. Dkr.
» *Barbadensis* Orb. in Sagra, p. 270,

Habita en *Cuba!* y en *Guadalupe* (Petit). Subgénero **Lucapina Gray.**

F. cancellata Sol.

F. cancellata Sol.

Foraminella Sowerbyi Güild.

Lucapina elegans Gray.

Habita en *Cuba!*, abundante: tambien en *Bahamas*. Subgénero **Lucapina Gray.**

F. elevata Dkr.

Fissurella elevata Dkr.

Habita en *Cuba!*, abunda.

F. elongata? Phil.

Fissurella elongata? Phil.

Habita en *Cuba* (Gundl.) y en *Guadalupe* (Petit).

F. fascicularis Lam.

Fissurella fascicularis Lam.

Habita en *Cuba!*, abundante. Subgénero **Clypidella Swains.**

F. gemmulata Rve.

Fissurella gemmulata Rve.

» *minuta* Lam.: doc. Dkr.

Habita en *Cuba!*: tambien en *Guadalupe* (Petit) y *Bahamas* (Raw.).

F. gibba Phil.

Fissurella gibba Phil.

Habita en *Cuba* (Gundl.).

F. Listeri Orb.

Fissurella Listeri Orb. in Sagra, p. 271, lám. XXIV, f. 37-39.

Esta especie se confunde á primera vista con la **F. graeca L.** Habita en *Cuba!*, es abundante.

F. nodosa Born.

Patella nodosa Born, Mus. p. 429. (1780).

» *spinosa* Gml. Syst. nat. ed. 13, p. 3731. (1789).

Habita en *Cuba!*, muy abundante en la *Habana!* al nivel de la baja mar: tambien en *Bahamas* (Raw.). Pertenece al subgénero **Cremides H. et A. Ad.**

F. pustula Chemn.

Patella pustula Chemn. Conch. cab. X, p. 338, t. 168, f. 1632–33 [1788].

» » Orb. in Sagra, p. 270.

Habita en *Cuba* y la *Florida* [Orb.], *Guadalupe* [Beau] y *Bahamas* [Raw.]. Subgénero **Clypidella Swains.**

F. Risseana Dkr.

Fissurella Risseana Dkr.

Habita en *Cuba!*, rara. Subgénero **Lucapina Gray.**

Gen. Emarginula.

E. octorradiata Gml.

Patella octorradiata Gml. Syst. nat. et. 13, p. 3699.

Emarginula clausa Orb. in Sagra, p. 269, lám. XXIV, f. 34–36.

Emarginula tricarinata Sowb. }
» *laqueare* Gray } doc. Dkr.
» *Listeri* Ant. }

Habita en *Cuba!*, muy abundante; varía mucho. Pertenece al subgénero **Subemarginula Blainv.**

Gen. Patella.

P. albicosta Adams.

Patella albicosta C. B. Ad. Proc. Bost. Soc. II. p. 8. [1845].

Habita en *Cuba!* y en *Guadalupe* [Petit].

P. Candeana Orb.

Patella Candeana Orb. in Sagra, p. 273, lám. XXV, f. 1–3.

Habita en *Cuba, Guadalupe, Martinica* y *Sta. Lucía* [Orb.].

P. Cubaniana Orb.

Patella Cubaniana Orb. in Sagra, p. 272, lám. XXV, f. 4-6.

Habita en *Cuba* y la *Florida* [Orb.].

P. leucopleura Gml.

Patella leucopleura Gml. Syst. nat. ed. 13, p. 3699.
Siphonaria lineolata Orb. in Sagra, p. 128, lám. XVII, f. 13-15.

Habita en *Cuba* [Gundl.]: tambien en *Martinica* y *Sta. Lucía* [Orb.], en *Guadalupe* [Petit] y en *Bahamas* [Raw.].

P. notata L.

Patella notata L. Syst. nat. ed. 13, p. 3719.

Habita en *Cuba* (Gundl.): tambien en *Bahamas* (Raw.)

P. pustulata Helbl.

Patella pustulata Helbl.
» *punctulata* Gml. Syst. nat. ed. 13, p. 3705, 3717.
» *puncturata* Lam. Ann. s. vert. 2ª ed., p. 537.

Habita en *Cuba!*, abundante en la *Habana* en poca profundidad; tambien en *Bahamas* (Raw.).

FAM. SIPHONARIDAE.

Gen. Siphonaria.

S. picta Orb.

Siphonaria picta Orb. in Sagra, p. 127.

Habita en *Cuba* y el *Brasil* (Orb.).

FAM. CHITONIDAE.

Gen. Acanthopleura.

A. picea Chemn.

Chiton piceus Chemn. Conch. cab. 8, p. 281. tab. 96, f. 806-810.

Chiton granulatus Gml. Syst. nat. ed. 13, p. 3205.
» *occidentalis* Rve. Mon. sp. 76, tab. 14, f. 77a.
» *granulatus* Orb. in Sagra, p. 273.

Habita en *Cuba!* en poca profundidad: tambien se halla en *Jamaica* (Ad.), *S. Thomas* y *Puerto Rico* (Blauner), *Martinica* (Orb.), *Guadalupe* (Beau) y *Bahamas* (Raw., Krebs.).

Gen. Ischnochiton.

I. pectinatus Sowb.

Chiton pectinatus Sowb. Conch. Ill. f. 146.
» *multicostatus* C. B. Ad., Proc. Bost. Soc. II. p. 8 (1845),
» *acutiliratus* Rve., Mon. sp. 46, tab. 8, f. 46.

Habita en *Cuba* (Cuning), *Barbadas* (Rve.) y *Jamaica* (Ad.).

Gen. Lophyrus.

L. excavatus Chemn.

Chiton squamosus Chemn. Conch. cab. 10. p. 372, tab. 173, f. 1689 mala.
» *viridis* Wood. Gen. conch. p. 15.
» *excavatus* Gray, Sowb. Conch. Ill. f. 131.
» *costatus* C. B. Ad. Proc. Bost. Soc. II. p. 8.
» *foveolatus* Rve. (non. Sowb.) Mon. sp. 28, tab. 6, f. 28.

Habita en *Cuba* (Rugel), *Jamaica* (Ad.) y *S. Thomas* y *Puerto Rico* [Blauner].

L. fasciatus Wood.

Chiton fasciatus Wood. Gen. conch. p. 10, tab. 1, f. 4, 5. [absque syn. Chemn.].
» *Chemnitzii* Pfr., Moll. Cuba ex Reg. zu Mart. u. Chemn. p. 78.
» *marmoreus* Rve. sp. 64, tab. 12, f. 64.

Habita en *Cuba* [Rugel], *Jamaica* [Ad.], *S. Thomas* y *Puerto Rico* [Blauner] y *S. Croix* [Chemn.].

L. marmoratus Chemn. ✓

Chiton marmoreus Chemn. Ab. p. 31, tab. I, f. 4, 5.

» *marmoratus* Chemn. Conch. cab. 8, p. 270, 282, tab 95, f. 803–805.

Habita en *Cuba* [Rugel], *Jamaica* [Ad.], *S. Thomas* [Blauner], *S. Croix* [Chemn], *Venezuela* [Dyson] y *Guadalupe* [Petit].

L. squamosus L. ✓

Chiton squamosus L., Chem. Conch. cab. 8, p. 17, tab. 94, f. 788–790.

» *bistriatus* Wood, Gen. conch. p. 7.

» *tessellatus* Wood, loc. c. p. 23.

Habita en *Cuba* [Rugel], *Jamaica* [Ad.], *S. Thomas* y *Puerto Rico* [Blauner] y *S. Croix* (Chemn.).

FAM. DENTALIDAE.

Gen. Dentalium.

D. Antillarum Orb.

Dentalium Antillarum Orb. in Sagra, p. 274, lám. XXV, f. 10–13.

Habita en *Cuba*!, abundante en las cercanías de la *Habana*: tambien en *S. Thomas* (Orb.) y *Guadalupe* (Petit).

D. disparile Orb.

D. disparile Orb. in Sagra, p. 274, lám. XXV, f. 14–17.

Habita en *Cuba*! raro: tambien en *Martinica* (Orb.) y en *Guadalupe* (Petit).

D. Dominguense Orb.

Dentalium Dominguense Orb. in Sagra, p. 274, lám. XXV, f. 7–9.

Habita en *Cuba*!, raro en *Playa del Chivo*!: tambien en *Martinica*, *Santo Domingo* y *S. Thomas* (Orb.).

D. semistriatum? Gould.
Dentalium semistriatum? Gould.
Habita en *Cuba!* (Poey) y *Guadalupe* (Petit).

FAM. CAECIDAE.

Gen. Caecum.

C. annulatum Brown.
Brochus annulatus Brown, Ill. Conch. Gr. Br. 1844, p. 125, pl. 56 f. 12.
» *reticulatus* Brown, loc. c. p. 124, pl. 56, f. 11.
Orthocera trachea (pars) Flem. Hist. Br. An. 1828, p. 237.
Caecum annulatum Carp., in Proc. Zool. Soc. London, (1858). p. 423.
Habita en *Cuba!* y tambien en *Europa!* **Anellum Carp.**

C. pulchellum Stimps.
Caecum pulchellum Stimps. in Proc. Bost. Soc. p. 36, 113, IV. 1851, pl. 2, f. 3.
» » Carp. in Proc. Zool. Soc. London, p. 425. (1858).
Habita en *Cuba.* **Anellum Carp.**

MOLUSCOS BIVALVOS MARINOS.

LAMELLIBRANCHIATA.

FAM. PHOLADIDAE.

Gen. Pholas.

Ph. costata L.
Pholas costata L., Syst. nat. ed. 12, p. 1111 (1767).
» » Orb. in Sagra, p. 280,

Habita en abundancia en la *Habana!* especialmente en el lugar conocido con el nombre de *Cayo Puto.* Diariamente lo traen á los mercados para los usos culinarios. El vulgo lo conoce con el trivial de **Longoron.**

Gen. Dactylina.

D. campechensis Gml.
Pholas campechensis Gml., Syst. nat. ed. 13, p. 3216 (1788).

Pholas oblongata Say, Journ. Phil. Acad. II, 320 (1822).
» *Candeana* Orb. in Sagra, p. 281, f. 18, 19.

Habita en *Cuba!* tambien en *Campeche.* Pertenece al subgénero **Gitocentrum Tryon.**

Gen. Martesia.

M. caribaea.

Pholas caribaea Orb. in Sagra, p. 281, lám. 25, f. 20–22 (1846).
» *Hornebeckii* Orb. in Sagra, p. 282, lám. 25, f. 23–25.
Martesia corticaria Ad., Sowb. Thes. conch. II. 495, tab. 108, f. 94–96 (1849).
Pholas Beauiana Recluz, Journ. conch. IV. p. 49, tab. 2, f. 1–3 (1853).

Habita en *Cuba!*, *S. Thomas* y *Mexico* (Orb.) y en *Guadalupe* (Recluz).

M. striata L.

Pholas striata L. Syst. nat. ed. 12, p. 1111: Gml ed. 13, p. 3215. (1788).
» *pusilla* L. Gml. loc. c. p. 3216.
» *clavata* Lam., Ann. s. vert., V. p. 446.
» *nana* Pult. Dorset. Cat. 27, (1799).
» *conoides* Fleming, Brit. Anim. p. 457.
» *lignorum* Spengl. Berl. Ges. Nat. IV.
» *falcata* Wood, Gen. conch., tab. 16, f. 5–7.
» *semicostata* Lea, Bost. Proc. tab. 24. f. 1.
» *irrediformis* Sowb. Thes. II. p. 490, tab. 108, f. 97, 98.

Habita en *Cuba!*: tambien en *Inglaterra* y *Filipinas* (Tryon) y en *Guadalupe* (Beau).

FAM. GASTROCHAENIDAE.

G. Rocellaria.

R. cuneiformis Spengl.

Gastrohaena cuneiformis Spengl., Nov, Act. Sc. Soc. II. p. 179, f. 8–11, (1783).
Pholas hians Chenm. Conch. cab. X. p. 364, tab. 172, f. 1678–9. (1788).
Fistulana rupestris Bosc., Hist. nat. des Coq. II. p. 205. (1824).
Gastrochaena cuneiformis Orb. in Sagra, p. 289.
Habita en *Cuba!*: tambien en *Guadalupe* (Bean).

Gen. Spengleria.

R. rostrata Spengl.

Gastrochaena rostrata Spengl., Nov. Act. Sc. Soc. II. (1783).
» *callosa* Phil., Wiegm. Arch. (1845).
» *Chemnitziana* Orb. in Sagra, p. 289, lám. 25. f. 29–30.

Habita en *Cuba!* abunda dentro de las madréporas: tambien en *S. Thomas* (Orb.).

S. truncata Sowb.

Gastrochaena truncata Sowb., Proc. Zool. Soc. London. (1834) p. 21.
Habita en *Cuba!* como la anterior.

FAM. TEREDIDAE.

Gen. Teredo.

T. navalis L.
Teredo navalis L, Syst, nat. ed. 12, p. 1267.
Habita en *Cuba!* y en todo el mundo.

FAM. SOLENIDAE.

Gen. Siliquaria.

S. bidentata Spengl.
Solen bidentatus Spengl., Skrivt. Nat. Sels III, p. 104 (1793).
» *bidens* Chemn, XI. tab. 203, f. 1939. (1795).
» *fragilis* Pult., Cat. of Dorset. (1795).
» *centralis* Say, Journ. A. N. S. II. p. 316. (1822).
» *Floridanus* Conrad.
Solecurtus bidens Orb. in Sagra, p. 291.
Habita en *Cuba!*, abundante.

S. gibba Spengl.
Solen gibba Spengl., Skrivt. Nat. Sels. III, p. 101. (1793)
» *Caribaeus* Lamk. } doc. Dkr.
» *Guineensis* Chemn } doc. Dkr.
» *notata* Schum. } doc. Dkr.
Solecurtus caribaeus Orb. in Sagra, p. 291.
Habita en *Cuba!* hallándose diariamente en los mercados: conocida con el nombre vulgar de **Almeja.**

Gen. Solena.

S. obliqua Spengl.

Solen obliqua Spengl., Skrivt. Nat. Sels III. p. 104. (1793).
» *ambiguus* Lam. Ann. s. vert. V. ed. 2ª, p. 7. [1818].
» » Orb. in Sagra, p. 282.
Habita en *Cuba!* [Orb].

Gen. Macha.

M. Sanctae-Marthae Chemn.

Solen Sanctae-Marthae Chemn., Conch. cab. XI, p. 203, tab. 198, f. 1938.
Solecurtus Sanctae-Marthae Orb. in Sagra, p. 291.
Habita en las *Antilas* [Orb], *Cuba* [Conrad] y *Guadalupe* [Beau].

FAM. MACTRIDAE.

Gen. Mactra.

M. fragilis Chemn.

Mactra fragilis Chemn.. Conch. cab. VI, p. 236. tab. 24, f. 235, [1782].
» *oblonga* Say, Journ. Acad. Nat. Sc, Phil. II. p. 310. [1821].
» *ovalina* Lam. Ann. s. vert. 2ª ed. VI, p. 104. [1835].
» *Braziliana* Lam. loc. c. p. 106.
» *fragilis* Orb. in Sagra, p. 285.
Habita en *Cuba!*, no es rara: tambien en *Martinica*, *Rio Ja-*

neiro y *Patagonia* [Orb.], en *Guadalupe* [Beau] y en *Bahamas* [Raw. y Krebs]. Pertenece al género **Spisula Gray.**

Gen. Labiosa.

L. cyprina Gray.
Labiosa cyprina Gray-Rve, Conch. Icon., Mactra, f. 37.
Cryptodon Conradi Rve.
Habita en *Cuba!*: del bajo Luz en la bahía de la *Habana* se extraen muchas; pero todas muertas.

FAM. ANATINIDAE.

Gen. Lyonsia.

L. Beauii Orb.
Lyonsia Beauii Orb. in Sagra, p. 287, lám, XXV, f, 26–28.
Habita en las *Antillas* [Orb.], *Guadalupe* [Beau].

Gen. Thracia.

Th. rugosa Conrad.
Thracia rugosa Conrad.
» » Orb. in Sagra, p. 288.
Habita en *Cuba!* (Orb.): tambien en el *Brasil*.

FAM. TELLINIDAE.

Gen. Asaphis.

A. deflorata L.

Venus deflorata L., Syst. nat. ed. 12, p. 1133 (1767).
Tellina anomala Born, Mus. p 22. (1780).
Venus versicolor Gml, Syst. nat. ed. 13, p. 3281. (1788).
» *purpurata* Gml. loc. c. p. 3289.
Sanguinolaria rugosa (pars) Lam. Ann. s. vert. V. p. 518. (1818).
Corbula rosea Bolt.
Capsa deflorata Orb. in Sagra, p. 307.

Habita en *Cuba!*, abundando en *Cabañas*, enterrada en la arena á diez ó doce brazas de profundidad. Es una de las pocas especies que traen á los mercados para usos culinarios, aunque raras veces.

Gen. Tellina.

T. Antillarum Orb.

Tellina Antillarum Orb. in Sagra, p. 303, lam. XXV, f. 45, 46.

Habita en *Cuba*. (Orb.)

T. Antonii Phil.

Tellina Antonii Phil., Abbild. tab. 5, f. 7, (1844).

Habita en *Cuba!*, recogida en *Cayo Jutías*: tambien en *Guadalupe* (Tryon). Pertenece al subgénero **Tellinella Gray.**

T. Candeana Orb.

Tellina Candeana Orb. in Sagra, p. 303, lam. XXV, f. 50–52.

Habita en *Martinica* [Orb].

T. caribaea Orb.

T. caribaea Orb. in Sagra, p. 303, lám. XXV, f. 47–49.

Habita en *Cuba* y *Martinica* [Orb], *Guadalupe* (Beau) y *Bahamas* (Raw. Krebs).

T. carnaria L.

Tellina carnaria L., Syst. nat, p. 1119. [1767].

Strigilla areolata Mke. Zeitschr. f. Mal. p. 188 (1847).

Tellina carnaria Orb. in Sagra, p. 298.

Habita en *Cuba!*, muy abundante: tambien en *Bahamas* Pertenece al género **Strigilla Turton.**

T. cayennensis Lam.

Pesammobia cayennensis Lam.

Solen constrictus Brug.

Tellina constricta Orb. in Sagra, p. 299.

*H*abita en *Cuba!*, muy abundante en *Cayo Puto*: frecuente en los mercados de la *Habana*, donde es conocida con el nombre de **Almeja;** es poco apreciada.

T. consobrina Orb.

Tellina consobrina Orb. in Sagra, p. 305, lám. XXVI, f. 9–11.

Habita en *Martinica* [Orb.].

T. cuneata Orb.

Tellina cuneata Orb. in Sagra, p. 306, lám. XXVI, f. 21–23.

Habita en *Cuba!* y la *Florida* [Orb.].

T. exilis Lam.

Tellina exilis Lam., Ann. s. vert. V. p. 527.

» » Sowb. Thes. conch. p, 284, tab. 59, f. 104.

» » Orb. in Sagra, p. 304.

Habita en *Guadalupe* (Orb.). Pertenece al sub-género **Angulus Muhlf.**

T. fausta Dillw.

Tellina remies [pars]. L., Syst. nat. p. 1119. (1767).

» *fausta* Dillw. Cat. I. p. 94.

» » Orb. in Sagra, p, 300.

Habita en *Cuba!*, muy abundante: tambien en *Guadalupe*,

Martinica, Santa Lucia y *Nueva Orleans* [Orb.], y *Bahamas* (Raw.),

T. flexuosa Say.

Tellina flexuosa Say. Journ. Acad. N. Sc. Phil. II. p. 203. (1822).
» *mirabilis* Phil., Wiegn. Arch. p. 260 (1841).
» *flexuosa* Orb. in Sagra, p. 301.

Habita en *Jamaica, Guadalupe* y la *Florida* (Orb.). Pertenece al género **Strigilla Turton.**

T. guadalupensis Orb.

Tellina guadalupensis Orb. in Sagra, p. 304, lam. XXVI, f. 1–3.

Habita en *Guadalupe* (Orb., Beau).

T. interrupta Wood.

Tellina interrupta Wood., Gen. conch. 146, tab. 36, f. 3. (1815).
» *maculosa* Lam. Ann. s. vert. p. 521. (1818).
» *Mexicana* Rve.; doc. Tryon.
» *Listeri?* Bolt.
» *interrupta* Orb. in Sagra, p. 301.

Habita en *Cuba!* y en todas las *Antillas*: tambien en *N. Orleans* (Orb.). Pertenece al sub-género **Tellinella Gray.**

T. lineata Turton.

Tellina lineata Turton, Conch. dict. p. 168, f. 16. (1819).
» *striata* Mont., Test. Brit. 60, tab. 27, f. 2, (1803). Nec. Chemn.
» *Brasiliana* Lam., Ann. s. vert. v. p. 532. [1818]. Nec. Spengl..
» *lineata* Orb. in Sagra, p. 299.

Habita en *Cuba!*, muy abundante: tambien en *Martinica*, y *Rio Janeiro* [Orb.] y Guadalupe (Beau). Pertenece al subgénero **Tellinella Gray.**

T. magna Spengl.

Tellina magna Spengl., Skrivt. Nat. IV. p. 76, (1798).
» *acuta* Wood, Gen. conch. 157, tab. 44, f. 1. (1815).
» *elliptica* Lam. Ann. s. vert. V. p. 524. (1818).

Habita en *Cuba!*, es rara. Pertenece al sub-género **Angulus Muhlf.**

T. martinicensis Orb.

Tellina martinicensis Orb. in Sagra, p. 305, lám. XXVI, f. 6-8.

Habita en *Guadalupe* y *Martinica* (Orb.).

T. pauperata Orb.

Tellina pauperata Orb. in Sagra, p. 307, lám. XXVI, f. 18-20.

Habita en *Martinica* y *Guadalupe* (Orb.).

T. pisiformis L.

Tellina pisiformis L., Syst. nat. p. 1120 [1767].
» » Orb., in Sagra, p. 302.

Habita en las *Antillas* y *Puerto-Rico* (Orb.), *Guadalupe* (Beau). Pertenece al género **Strigilla Turton.**

T. punicea Born.

Tellina punicea Born, Mus. 33, tab. 2, f. 2. (1780).
» *subradiata* Schum.: doc. Dkr.
Donax martinicensis Lam.: doc. Orb.
Tellina punicea Orb. in Sagra, p. 298.

Habita en *Cuba!* abunda en la bahía de la *Habana*: tambien en *Martinica*, *Guadalupe* y *Rio Janeiro* [Orb.), Pertenece al sub-género **Peronaeoderma Poll.**

T. radiata L.

Tellina radiata L. Syst. nat. p. 1117. (1767).
» *unimaculata* Lam. Ann. s. vert. V. p. 521. (1818).
» *nivea* Wood: doc. Orb.
» *radiata* Orb. in Sagra, p. 301.

Habita en *Cuba!* y demas *Antillas*, muy abundante.

T. rosea Gml.

Tellina rosea Gml., Syst. nat. p. 3238 [1789]
Solen sanguinolentus Gml. loc. c. p. 3227.
» *fucatus* Spengl. Nat. Hist. Sels. III, 2ª part. p. 111 [1791].
Tellina rosea Orb. in Sagra, p. 300.

Habita en *Cuba!*, *Martinica* y *Guadalupe* [Orb.].

T. similis Sowb.

Tellina similis Sowb, Brit. miscell. tab. 75.
» » » Thes, conch. p. 285, tab. 57, f. 65.
» » Orb. in Sagra, p. 302.
Habita en *Martinica* (Orb.)

T. simplex Orb.

Tellina simplex Orb. in Sagra, p. 305, lám. XXVI, f. 15-17.
Habita en *Guadalupe* (Orb.)

T. tenera Say.

Tellina tenera Say, Journ. Acad. Nat. Sc. Phil. II p. 303.
» » Sowb., Thes, conch., p. 222, tab. 57, f. 59.
Habita en Cuba (Poey) y en los *Estados Unidos* (Tryon).
Pertenece al subgénero **Angulus Muhlf.**

T. Vespusiana Orb.

Tellina Vespuciana Orb in Sagra, p. 305, lám. XXVI, f. 12-14.
Habita en *Jamaica* y *Martinica* (Orb.)

T. vitrea Orb.

Tellina vitrea Orb. in Sagra, p. 305, lám. XXVI, f. 15-17.
Habita en *Guadalupe* [Orb., Beau).

Gen. Lavignon.

L. Antillarum Orb.

Lavignon Antillarum Orb. in Sagra, p. 294, lám. XXV. f. 33-35.
Habita en *Cuba!*: tambien en *Guadalupe* (Orb.)

L. lineata Lam.

Lutraria papyracea Lam., non Chemn.
Lavignon lineata Orb. in Sagra, p. 293.
Habita en *Cuba* (Orb.)

L. mutica Sowb.

Cumingia mutica Sowb. in Proc. Zool. Soc. London. p. 34. (1833).

Lavignon Petitiana Orb. in Sagra, p. 294, lám. XXV, f. 36–38.

Habita en *Cuba!* raro: tambien en *Santo Domingo* (Orb.), *Guadalupe* (Beau) y en varios puntos del *Pacífico* (Cuming.)

Gen. Donacilla.

D. rosea Orb.

Donacilla rosea Orb. in Sagra., p. 295.

Habita en *Martinica* (Orb.)

Gen. Arcopagia.

A. bimaculata L.

Tellina bimaculata L. Syst. nat. p. 1120. (1767).

« *sexradiata* Lam., Ann. s. vert. V. p. 531. (1818).

Psammobia purpureo-maculata C. B. Ad., Proc. Bost. Soc. v. p. 10, (1845).

» *affinis* C. B. Ad. loc. c.

» *birradiata* C. B. Ad. loc. c.

Arcopagia bimaculata Orb. in Sagra, p. 307.

Habita en *Cuba!*, muy abundante: tambien en las otras *Antillas* y *Florida* (Orb.)

Gen. Semele.

S. cancellata Orb.

Amphidesma cancellata Orb. in Sagra, p. 297, lám. XXV. f. 42–44.

Habita en *Martinica* y *Guadalupe* (Orb.) y *Bahamas* (Raw).

S. purpuracens Gml.

Tellina purpuracens Gml. Syst. nat. p. 3237. (1788).

Amphidesma variegata Lam. Ann. s. vert. V. p. 490 (1818).

Amphidesma variegata Orb. in Sagra, p. 266.
Habita en *Cuba!*: tambien en *Bahamas* (Raw.)

S. reticulata L.
Tellina reticulata L., Syst nat. ed. 12, p. 1119. (1767.)
Amphidesma reticulata Orb. in Sagra, p. 296.
Habita en *Cuba!*, es abundante: tambien en *Guadalupe* y *Martinica* (Orb.) y *Bahamas* (Raw.)

Gen. Iphigenia.

I. Brasiliensis Lam.
Capsa Brasiliensis Lam., Ann. s. vert. V. p. 553.
Habita en *Cuba!* en la arena á una braza de profundidad: tambien en el *Brasil*.

Gen. Donax.

D. Cayenensis Lam.
Donax Cayenensis Lam., Ann. s. vert. V. p. 514.
» » Orb. in Sagra, p. 308.
Habita las *Antillas* (Orb.)

D. denticulatus L.
Donax denticulatus *L.* Syst. nat. p. 1127. (1767).
» *punctatus* Chemn. }
» *truncatus* De Costa. } doc. Tryon.
» *crenulatus* Don. }
Habita en *Cuba!*, muy abundante en la costa del *Sud de Vuelta Abajo*, donde los comen: tambien en *Bahamas*.

D. rugosa L.
Donax rugosa L. Syst nat. p. 1117, (1767.)
» » Orb. in Sagra, p. 309.
Habita en las *Antillas* (Orb.) y en *Sud América* (Tryon).

FAM. VENUSIDAE.

Gen. Petricola.

P. lapicida Chemn.

Venus lapicida Chemn. Conch. cab. X, p. 356, tab. 172, f. 1664–5. (1788).

» *divaricata* Chemn. loc. c. p. 357, tab. 172, f. 1666–7.

» *devergens* Gml. Syst. nat. p. 3269. (1788.)

Petricola costata Lam.: doc. Dkr.

» *divaricata* Orb. in Sagra, p. 211.

Habita en *Cuba!*, es frecuente dentro de las madréporas: tambien en *Martinica* y *Santo Domingo* (Orb.) y *Bahamas* (Raw.) Pertenece al género **Choristodon Jonas.**

P. lithophaga Brown.

Petricola lithophaga Brown.

Choristodon tipicum Jon.: doc. Dkr.

Neranio costata Gray: doc. Orb.

Habita en *Cuba* (Poey) y *Bahamas* (Raw.)

P. pholadiformis Lam.

Petricola pholadiformis Lam. Ann. s. vert. V. p. 505.

» » Orb in Sagra, p. 311.

Habita en *Cuba* (Aguilera) y en los *Estados Unidos.*

Gen. Cypricardia.

C. Hornebeckiana Orb.

Cypricardia Hornebeckiana. Orb. in Sagra, p. 312, lám. XXVI, f. 33, 34.

Habita en *Cuba!* y en *San Thomas* (Orb.) Pertenece al género **Coralliophaga Blainv.**

Gen. Omphaloclothrum.

O. reticulatum L.
Venus reticulata L., Gml. Syst. nat. p. 3275. (1788).
Habita en *Cuba!*, raro.

Gen. Venus.

V. antillarum Orb.
Venus antillarum Orb. in Sagra, p. 319, lám. XXVI. f. 41-43.
Habita en *Cuba, Martinica, S. Thomas* y *Jamaica* (Orb.)

V. Auberiana Orb.
Venus Auberiana Orb. in Sagra, p. 319, lám. XXVI, f. 31–37.
Habita en *Cuba!*, no es rara: tambien en *Bahamas* (Raw.).
Pertenece al género **Cryptogramma Mörch.**

V. circinata Born.
Venus circinata Born.
» *guineensis* Gml. Syst. nat. ed. 13. p. 3270.
Cytherea guineensis Lam.
Venus circinata Orb. in Sagra, p. 317.
Habita en *Cuba.* (Orb.).

V. Cubaniana Orb.
Venus Cubaniana Orb. in Sagra, p. 320, lám. XXVI, f. 44–46.
Habita en *Cuba, Martinica* y la *Florida* (Orb.).

V. Dione L.
Venus Dione L, Syst. nat. p. 684. (1767).
» » Orb. in Sagra, p. 317.
Habita en *Cuba!*, no es rara: tambien en la isla *Trinidad.*
Pertenece al género **Callista Poli.**

V. flexuosa L.
Venus flexuosa L.
Cytherea flexuosa Lam.
Venus flexuosa Orb. in Sagra, p. 314.

Habita en *Cuba* (Orb.). Pertenece al género **Crytogramma Mörch.**

V. inaequivalvis Orb.

Venus inaequivalvis Orb. in Sagra, p. 319, lám. XXVI, f. 38-40.

Habita en *Cuba, Martinica* y la *Florida* (Orb.)

V. granulata Gml.

Venus marica Born. (nec. L,) Test. p. 59, tab. 4. (1780).
» *granulata* Gml. Syst. nat. p. 3277. (1788).
» *violacea* Gml. loc. c. p. 3288.
» *granulata* Orb. in Sagra, p, 318.

Habita en *Cuba!*, muy abundante: tambien en *Martinica* y *Guadalupe* (Orb.) y *Bahamas* (Raw.)

V. mactroides Born.

Venus mactroides Born, Test. p 65. (1780).
» *corbicula* Gml. Syst, nat. p. 3278. (1788).
Cytherea trigonella Phil. Abb. conch. Cyth. tab. 3, f. 7. (1844).
Venus mactroides Orb. in Sagra, p. 318.

Habita en *Cuba* y *Guadalupe* (Orb.) y *Bahamas* (Raw.).

V. maculata L.

Venus maculata L. Syst, nat. p. 1132. (1767).
Cardium trigonum Martyn.
Venus maculata Orb. in Sagra, p. 313.

Habita en *Cuba!*, es abundante: tambien en *Guadalupe, Martinica, Jamaica, Santa Lucía* y el *Brasil* (Orb.) y en *Bahamas* (Raw.). Pertenece al género **Meretrix Lam.**

V. paphia L.

Venus paphia L., Gml. Syst. nat. p. 3268. (1788).
Anus rugosa? Chemn.
Venus paphia Orb, in Sagra, p. 316.

Habita en *Cuba!*, es abundante: tambien *Guadalupe* (Beau) y en *Bahamas* (Raw.). Pertenece al subgénero **Circumphalus Klein.**

V. pygmaea Lam.

Venus pygmaea Lam. Ann. s. vert. ed. 2ª p. 3.

Habita en *Cuba* (Poey), *Bahamas* (Raw. Krebs).

V. rubiginosa Mke.

Venus fulminata Mke, Syn. ed. 2, p. 150.

Cytherea rubiginosa Phil., Abb. conch. Cyth., tab. 3, i. 2. (1845).

Venus rubiginosa Orb. in Sagra, p. 315.

Habita en *Cuba*, *Martinica* y *Guadalupe* (Orb.).

V. rugosa Gml.

Venus rugosa Gml. Syst. nat. p. 3276. (1788).

» » Orb. in Sagra, p. 316.

Habita en *Cuba!*, abunda: tambien en *Martinica* y *Rio Janeiro* (Orb.), *Guadalupe* (Beau) y *Bahamas* (Raw.).

V. ziczag. L.

Venus ziczag L. Syst. nat. ed. X.

Venus cancellata L. Syst. nat. ed. XII.

Venus Dysdera L. Syst. nat. p. 1150.

Cardium bicolor Martyn: doc. Orb.

Venus Dysdera Orb. in Sagra, p, 315.

Habita en *Cuba!*, muy abundante: tambien en *Rio Janeiro* (Orb.) y en *Bahamas* (Raw. Krebs).

Gen. Cytherea.

C. gigantea Gml.

Venus gigantea Gml. Syst. nat. ed. 13 p. 3282.

Habita en *Cuba*, al ménos con esta indicacion la he visto en muchas colecciones: yo no la he hallado nunca.

C. trigonella Lam.

Venus trigonella Lam.

Habita en *Cuba!*

Gen. Dosinia.

D. concentrica Born.

Venus concentrica Born, Test. p. 71, tab. 5, f. 5, (1780).

Venus Philippi Orb. in Sagra, p. 314.
Cytherea Patagonica Phil.: doc. Orb.
Habita en *Cuba* (Gundl.).

D. tenuis Recluz.
Artemis tenuis Recluz, Journ. conch. III, p, 250, tab. 10, f, 1. (1852).
Lucinopsis Gundlachi Dkr.
Lucinopsis tenuis Tryon, Cat. Tellinidae, p. 107.
Habita en *Cuba!* abundando en la bahía de la *Habana*: tambien en *Guadalupe* (Recluz).

FAM. CORBICULIDAE.

Gen. Cyrena.

C. cubensis Prime.
Cyclas maritima Orb. in Sagra, p. 321, lám. XXVI, f. 47–50 (1846).
Cyrena cubensis Prime, Mon. of Amer. corbicul. p. 29. (1865).
Habita en *Cuba!*, rara.

FAM. CORBULIDAE.

Gen. Corbula.

C. aequivalvis Phil.
Corbula aequivalvis Phil., Arch. f, Nat. II, p. 227, tab. 7. f. 4 (1836).
» *Cubaniana* Orb. in Sagra, p. 322, lám. XXVI, f. 51–54. (1846).
Habita en *Cuba!*, abundante en la bahía de la *Habana*.

C. caribaea Orb.

Corbula caribaea Orb. in Sagra, p. 323, lám. XXVII. f. 5–8.
Habita en *Cuba* y *Santo Domingo* (Orb.).

C. disparilis Orb.

Corbula disparilis Orb. in Sagra, p. 322, lám. XXVII, f 1–4.
Habita en *Cuba*, *Jamaica*, *Guadalupe* y *Martinica* (Orb.).

C. Lavalleana Orb.

Corbula Lavalleana Orb. in Sagra, p. 323, lám. XXVII, f. 9-12.
Habita en *Cuba*, *Guadalupe*, *Martinica* y *Jamaica* (Orb.).

C. nasuta Sowb.

Corbula nasuta Sow. in Proc. Zool. Soc. p. 36 (1833).
» » Reeve, Icon. Sp. I. (1843).
» *Swiftiana* C. B. Ad., Contr, to conch. p. 236, (1851).
Habita en *Cuba!*, abunda en la bahía de la *Habana*: tambien en *Jamaica* (Orb.).

C. quadrata Hinds.

Corbula quadrata Hinds, in Proc. Zool. Soc. p. 57. (1843).
» » Reeve, Conch. Icon., Corbula, tab. 5.
» » Orb. in Sagra, p. 322.
Poromya quadrata Conrad, Cat. of Anatinidae, p. 56. (1868.)
Habita en la *Antillas* (Orb.), en *Guadalmpe* (Conrad).

Gen. Sphena.

S. alternata Orb.

Sphena alternata Orb. in Sagra, p. 324, lám, XXVII, f. 17–20.
Habita en *Martinica* (Orb.).

S. Cleryana Orb.

Sphena Cleryana Orb. Moll. de l' Amer. mér. p. 572 (1846).
» » Orb. in Sagra, p. 323.
Habita en *Cuba*, *Jamaica*, *S. Thomas*, *Guadalupe* y el *Brasil* (Orb.).

S. ornatissima Orb.
Sphena ornatissima Orb. in Sagra, p. 324, lám. XXVII, f. 13-16.
Habita en las mismas localidades que la precedente.

FAM. ASTARTIDAE.

Gen Crassatella.

C. guadalupensis Orb.
Crassatella guadalupensis Orb. in Sagra, p. 326, lám. XXVII, f. 24-26.
Habita en *Cuba, Guadalupe, Martinica* y *S. Thomas* (Orb.).

C. martinicensis Orb.
Crassatella martinicensis Orb. in Sagra. p. 325, lám. XXVII, f. 21-23.
Habita en *Martinica, Jamaica* y *Sto. Domingo* (Orb.).

Gen. Cardita.

C. Dominguensis Orb.
Cardita Dominguensis Orb. in Sagra, p. 327, lám. XXVII. f. 27-29.
Habita en *Cuba* y *Sto. Domingo* [Orb.].

Gen. Trigonulina.

T. ornata Orb.
Trigonulina ornata Orb. in Sagra, p. 327, lám, XXVII, f. 30-36.
Habita en *Jamaica* (Orb.).

FAM. LUCINIDAE.

Gen. Lucina.

L. antillarum. Rve.
Lucina Antillarum Reeve.
» *costata?*: Orb. in Sagra, p. 330, lám. XXVII, f. 40–42.
Habita en *Cuba!*: tambien en *S. Thomas, Guadalupe, Jamaica* y *Rio Janeiro* (Orb.).

L. Caudeana Orb.
Lucina Candeana Orb. in Sagra, p. 331, lám. XXVII, f. 43–45.
Habita en *Martinica* y *Guadalupe* (Orb.).

L. jamaicensis Lam.
Lucina jamaicensis Lam., An. s. vert. V. p. 539.
» » Orb. in Sagra, p, 328.
Habita en *Cuba!*, abundante: tambien en *Bahamas* (Raw.)

L. muricata Chmn.
Lucina muricata Chemn. Conch. cab. XI. p. 209, tab. 199, f. 1955–6. (1795).
» *scabra?* Lam.
» *muricata* Orb. in Sagra, p. 331,
Habita en *Cuba, Martinica, Jamaica* y *S. Thomas* (Orb.) y en *Guadalupe* (Beau).

L. pecten Lam.
Lucina pecten Lam.
Habita en *Cuba* (Gundl.) y *Bahamas* [Raw.)

L. Pensylvanica L.
Venus Pensylvanica L., Syst. nat. p. 1134, (1767).
Lucina Pensylvanica Orb. in Sagra, p. 332.
Habita en *Cuba!*. muy abundante: tambien en *S. Thomas, Martinica* y *N. Orleans* [Orb.] y en *Bahamas* [Raw.].

L. quadrisulcata Orb.

Lucina quadrisulcata Orb. in Sagra, p. 329, lám. XXVII, f. 34–36.

Lucina divaricata Chemn., non L. } Doc. Dkr.
Lucina commutata Phil. }

Habita en *Cuba!*: tambien en *Guadalupe* [Beau] y *Bahamas* [Raw.].

L. scobinata Recluz.

Lucina scobinata Recluz, Journ. conch. p. 252, tab. X, f. 6. [1852].

Habita en *Cuba* [Gundl.] y en *Guadalupe* [Recluz].

L. semireticulata Orb.

Lucina semireticulata Orb., Moll. de l'Amer. merid. p. 585, [1846].

» » Orb. in Sagra, p. 330.

Habita en *Cuba*, *Rio Janeiro* y *Patagonia* [Orb.].

L. serrata Orb.

Lucina serrata Orb. in Sagra, p. 329, lám, XXVII, f. 37–39.

Habita en *Cuba!* muy abundante: tambien en las otras *Antillas* y en el *Brasil* [Orb.].

L. tigrina L.

Venus tigrina L. Syst. nat. p. 1133. [1767].

Habita en *Cuba!* muy abundante, suelen traerla á los mercados; pero su carne es poco apreciada: tambien se halla en *Martinica*, *Guadalupe*, *S. Thomas* y *N. Orleans* [Orb.] y en *Bahamas* (Raw.).

L. trisinuata Orb.

Lucina trisinuata Orb, in Sagra, p. 332, lám. XXVII, f. 46–49.

Habita en *Martinica* y *Guadalupe* [Orb.).].

L. virgo Rve.

Lucina virgo Rve. sp. 28.

Las **Lucina columella Lam.** y **Lucina Adamsoni Orb.** son de comparar con la presente especie.

Habita en *Cuba* [Gundl.], muy rara.

Gen. Loripes.

L. chrysostoma Meusch.

Lucina chrysostoma Meusch.

» *edentula*, auctorum quorumdam nec L,

» » Orb. in Sagra, p. 332.

Habita en *Cuba!*, muy abundante en la bahía de la *Habana*: tambien en *Martinica* y la *Florida* (Orb.).

Gen. Diplodonta.

D. semiaspera Phil.

Diplodonta semiaspera Phil.

Habita en *Cuba!*, abundante en la bahía de *Cabañas*: tambien en *Bahamas* (Raw.).

FAM. CARDIDAE.

Gen. Cardium.

C. angulatum Lam.

Cardium angulatum Lam. An. s. vert. VI, p. 9. (1819).

» *subelongatum* Sowb. in Proc. Zool. Soc. London, p. 108. (1840).

» » Rve. Conch, Ill. f. 61,

» *angulatum* Orb. in Sagra, p. 336.

Habita en *Cuba*, *Martinica* y *S. Thomas* (Orb.), *Guadalupe*. (Beau) y *Bahamas* (Raw.). **Gen. Laevicardium Sw.**

C. citrinum Chemn.

Cardium citrinum Chemn. Conch. cab. VI. p. 194, tab. 18. f. 189. (1782).

Cardium laevigatum Lam., An. s. vert. VI, p. 11. (1819).

Habita en *Cuba!*, es abundante: tambien en *Martinica, Guadalupe, Sta. Lucía* y el *Brasil* (Orb.), y en *Bahamas* (Raw.). Pertenece al género **Laevicardium.**

C. laevigatum L.

Cardium laevigatum L., Syst. nat. p. 1123. (1767).

» *prista* Val.: doc. Dkr.

» *serratum* L, Orb. in Sagra, p, 334.

» *laevigatum* Orb. loc. c. p. 336.

Habita en *Cuba!* Género **Laevicardium.**

* * *

C. isocardia L.

Cardium isocardia L., Syst. nat. p. 1122. (1767).

» » Orb. in Sagra, p. 337.

Habita en *Cuba, Martinica* y *Santa Lucía* [Orb.]. Pertenece al género **Fragum Bolt.**

C. magnum Born.

Cardium magnum Born, Mus. tab. 3, f. 5.

» *maculatum* Gml. Syst. nat. ed. 13, p. 3255.

» *ventricosum* Brug., Rve. Conch. Icon. tab. 4, f. 20.

Habita en *Cuba*. Con esta indicacion la veo en todas las colecciones; yo no la he hallado nunca en Cuba. Pertenece al subgénero **Fragum.**

C. medium L.

Cardium medium L., Syst. nat. p. 1122 (1767).

» » Orb. in Sagra, p. 336.

Habita en *Cuba!*, abundante: tambien en *Martinica* y *Santa Lucía* [Orb.]. y en *Bahamas* (Raw.). Subgen. **Fragum.**

* * *

C. antillarum Orb.

Cardium antillarum Orb. inSagra,, p, 338, lám, 27, f. 53–55,

Habita en *Cuba, Guadalupe, Martinica* y *Jamaica* (Orb.).

C. graniferum? B. et. S.

Cardium graniferum? B. et. S.

Esta especie ha sido así nombrada por el Dr. Dunker; el tipo es de *Panamá*, con el cual no conviene exactamente, al ménos con los ejemplares que de esa localidad he recibido del Dr. Newcomb.

* * *

C. muricatum L.

Cardium muricatum L., Syst. nat. p. 1123. (1767).
» » Orb. in Sagra, p. 335.

Habita en *Cuba!*, muy abundante en la bahía de la Habana en el punto conocido con el nombre de *Cayo Puto*, suelen traerlo al mercado; pero su carne es poco apreciada. Tambien se halla en *Martinica, Guadalupe, Jamaica, Rio Janeiro* (Orb.) y en *Bahamas* (Raw.). Conocido con el nombre vulgar de **Perdigon.**

Subg. **Trachicardium Mörch.**

* * *

C. Petitianum Orb.

Cardium Petitianum Orb. in Sagra, p 337, lám. 27, f. 50–52.

Habita en *Cuba!*: tambien en *Guadalupe* (Beau) y *Bahamas* (Raw.). Gén. **Papiridae Swains.**

C. ringiculum Sowb.

Cardium ringiculum Sowb. in Proc. Zool. Soc. London. XVII. p. 106. (1840).

Cardium ringiculum Orb. in Sagra, p. 335.

Habita en la isla de *San Vicente* (Orb.) y en *Ceilan* (Sowb.).

C. spinosum Meusch.

Cardium spinosum Meusch.

Solen bullatus L. Syst. nat. ed. 12, p. 1115.

Cardium bullatum Orb. in Sagra, p. 337.

Habita en *Cuba!*, no es raro: tambien en *Martinica, Guadalupe* y *Santa Lucía* (Orb.), y en *Bahamas* (Raw.). Pertenece al subgénero **Papyridea.**

FAM. NUCULIDAE.

Gen. Nuculocardia.

N. divaricata Orb.

Nuculocardia divaricata Orb. in Sagra, p. 339, lám. 27, f. 56–59.

Habita en casi todas las *Antillas* (Orb.).

Gen. Leda.

L. Jamaicensis Orb.

Leda Jamaicensis Orb. in Sagra, p. 310, lám. 26, f. 30-32.

Habita en las *Antillas* (Orb.).

L. vitrea Orb.

Leda vitrea Orb. in Sagra, p. 310, lám. 26, f. 27–29.

Habita en *Martinica*, *Sto. Domingo*, & (Orb.).

FAM, ARCACIDAE.

Gen. Pectunculus.

P. decussatus L.

Arca decussata L., Gml. Syst. nat. ed. 13. p. 3310. (1788).
» *undata* L. Syst. nat. ed. 12, p. 1142. (1767).
Pectunculus undulatus Lam. An. s. vert. VI. p. 50 (1819).
» *pennaceus* loc. c. p. 51.
» *lineatus* Rve., Conch. icon. tab. 5, sp. 25. [1843].

Pectunculus undatus Orb. in Sagra, p. 341,
Habita en *Cuba!*: tambien en *Santa Lucia* (Orb.), *Guadalupe* (Beau) y *Bahamas* (Raw.).

P. costatus Meusch.
Pectunculus costatus Meusch.
» *pectinatus* Lam.
Habita en *Cuba!*

P. pectiniformis L.
Arca pectunculus L., Syst, nat. ed. 12, p. 1142. (1767).
Pectunculus pectiniformis Lam., An, s. vert. VI. p. 53. (1819).
» *oculatus* Rve, in Proc. Zool. Soc. p, 188. (1843).
» *pectiniformis* Orb. in Sagra, p. 340.
Habita en *Martinica* (Orb.) y en *Guadalupe* (Beau).

P. sericatus Rve.
Pectunculus sericatus Rve., in Proc. Zool. Soc. London, p. 190. (1843).
» » Orb. in Sagra, p. 340.
Habita en *Tórtola* (Orb., Rve.).

P. variegatus Chemn.
Arca variegata Chemn. Conch. cab. VII, tab. 57, f. 562. (1784).
Pectunculus castaneus Lam., An. s. vert. VI. p, 53. (1819).
» » Rve., Conch. icon., tab. 6, sp. 32.
» *varigatus* Orb. in Sagra, p. 340.
Habita en *Cuba* (Poey).

Gen. Arca.

A. Barbadensis Petiv.
Mytilus Barbadensis Petiv., Mém. nat. cur. p. 247. (1708).
Arca Barbadensis Orb. in Sagra, p. 345.
Habita en *Cuba* (Orb.) y en *Jamaica* (Sloane). Pertenece al género **Byssoarca Swains.**

A. umbonata Lam.
Arca umbonata Lam., An. s. vert. ed. 2ª, p. 5.

Arca Americana Orb. Moll. de l'Amér. mér., p. 632. [1846),
» » Orb. in Sagra, p. 342, lám. 28, f. 1-2.

Habita en *Cuba!*, muy abundante: tambien en *Martinica*, *Guadalupe*, *Santa Lucia*, *S. Thomas* y *Rio Janeiro* (Orb.) y en *Bahamas* (Krebs). Pertenece al género **Cibota.**

A. zebra Swains.

Arca zebra Swains.

Habita en *Cuba!* muy abundante á poca profundidad, atada á las piedras en su cara inferior. Pertenece al género **Byssoarca Swains.**

* * *

A. bicops, var. Chemn.

Arca rhombea, var. Chemn. Conch. cab. VII, p. 212, tab. 56, f. 553 b. (1784).
» *Brasiliana* Lam., An, s. vert, VI. p. 44. (1819).
» *bicops* Phil., Conch. Arca, tab. 2, f. 6, (1845).

Habita en *Cuba*, *Martinica*, *Guadalupe* y *Rio Janeiro* (Orb.). Pertenece al género **Argina Gray.**

A. pexata Gml.

Arca campechensis Gml., Syst. nat. ed. 13, p, 3312 (1788).
» *pexata* Say, Journ. Acad. N. S. Phil. II, p. 208. (1821).
» *Americana* Gray, Wood, Ind. suppl. tab. 2. f. 1.(1825).
» *ovalis* Brug.: doc. Dkr.
» *pexata* Orb. in Sagra, p. 344.

Habita en *Cuba!*, es abundante: tambien en la *Florida* (Orb.). Género **Argina Gray.**

* * *

A. antiquata L.

Arca antiquata L. Syst. nat. ed. 12, p. 1441. [1767].

Habita en *Cuba* [Gundl.] y en *Bahamas* [Raw.] Pertenece al género **Anomalocardia Klein.**

A. auriculata Lam.

Arca auriculata Lam., An. s. vert. VI. p. 43.
» » Orb. in Sagra, p. 345.

Habita en *Cuba*, *Martinica* y *S. Thomas* (Orb.). Pertenece al género **Anomalocardia.**

A. hemidermos Phil.
Arca hemidermos Phil.
» » Orb. in Sagra, p. 345.
Habita en *Cuba* y *Martinica* (Orb.). Pertenece al género **Anomalocardia.**

* * *

A. Adamsi Shuttl.
Arca Adamsi Shuttl.
Habita en *Cuba!* muy abundante: tambien en *Guadalupe* [Petit]. Género **Barbatia Gray.**

A. barbata L.
Arca barbata L., Gml. Syst. nat. ed. 13, p. 3306. [1788].
Habita en *Cuba!* muy abundante, Género **Barbatia.**

A. candida Chemn.
Arca candida Chemn. Conch. cab. VII. p. 195, tab. 55, f. 542. [1784].
» *Jamaicensis* Gml., Syst. nat. p. 3312. [1789].
» *Helblingii* Brug., Encycl. méth. nº 85. [1789].
» *candida* Orb. in Sagra, p. 344.
Habita en *Cuba*, *Martinica* y la *Florida* [Orb.] y en *Guadalupe* [Beau]. Género **Barbatia.**

A. Dominguensis Lam.
Arca Dominguensis Lam.
Habita en *Cuba* [Gundl.]. Pertenece al género **Barbatia Gray.** subgénero **Acar. Gray.**

A. fusca Brug.
Arca fusca Brug., Encycl. méth. t. I. nº 10. [1789].
» » Orb. in Sagra, p. 343.
Habita en todas las *Antillas* [Orb.], *Guadalupe* [Beau]. Género **Barbatia.**

A. Helblingi Chemn.
Arca Helblingi Chemn.
Habita en *Cuba!* Género **Barbatia.**

A. Listeri Phil.
Arca Listeri Phil.

Habita en *Cuba!*, abunda: tambien en *Bahamas* [Raw.], Género **Barbatia.**

A. squamosa Lam.

Arca squamosa Lam. An. s. ver. 2ª ed. p. 35.
» *domaciformis* Rve: doc. Krebs.
Habita en *Cuba* [Gundl.], *Guadalupe* [Beau] y en *Bahamas* [Raw.]. Género **Barbatia.**

FAM. MITILIDAE.

Gen. Pinna.

P. muricata L.

Pinna muricata L., Gml. Syst. nat. ed. 13, p. 3364. [1788].
Habita en *Cuba!*, algo abundante: tambien en *Bahamas*, [Raw.].

P. pernula Chemn.

Pinna pernula Chemn. Conch. cab. VIII, p. 342, tab. 92, f. 785. (1785),
» *carnea* Gml. Syst. nat. ed. 13, p. 3365. (1788).
» *degenera* Lam.
» *flabellum* Lam.
» *varicosa* [Lam.] Orb. in Sagra, p. 347, nec typus.
» *pernula* Orb. in Sagra, p. 347.
Habita en *Cuba!*, abunda: tambien en *Bahamas* (Raw).

P. rigida Chemn. S'ol.

Pinna nobilis Chem. Conch. cab. VIII, p. 224. tab. 89, f. 775. (non. L.), (1785).
» *rigida* Sol. et Dillw. Cat, t. I. p. 327, nº 7.
» *seminuda* Lam., An. s. vert. VI. p. 131. [1719].
» *rigida* Orb. in Sagra, p. 347.
Habita en *Cuba*, *Martinica* y *Guadalupe* (Orb.).

Gen. Mytilus.

M. cubitus Say.
Mytilus cubitus Say, Journ. Ac. N. S. v. II, p. 263.
» *Lavalleanus* Orb. in Sagra, p. 349, lám. 28, f. 3–5.
Habita en *Cuba!*

M. exustus L.
Mytilus exustus L., Gml. Syst. nat. ed. 13 p. 3352.
Arca modiolus L.
Modiola sulcata Lam.
Mytilus exustus Orb. in Sagra, p. 349.
Habita en *Cuba!*, no es raro: tambien en *Bahamas* (Raw.).

M. Dominguensis Lam.
Mytilus exustus Lam. (non L.) An. s. vert. VI, p. 121. (1819).
» *Dominguensis* Orb. in Sagra, p. 349.
Habita en *Cuba* (Gundl.) y en *Martinica* y *Rio Janeiro* (Orb.).

M. viator Orb.
Mytilus viator Orb., Moll. de l'Amer. mér. p. 644 (1846).
Mytilus viator Orb. in Sagra, p. 348.
Habita en *Cuba* (Orb.).

Gen. Dreissena.

D. Gundlachi Dkr.
Dreissena Gundlachi Dkr. in Journ. Conch. VII. p. 132. (1858).
Habita en *Cuba* (Gundl.).

D. Pfeifferi Dkr.
Dreissena Pfeifferi Dkr. in Journ. Conch. VII. p. 132. (1858).
Habita en *Cuba* (Dkr.).

Gen. Modiola.

M. divaricata Phil.
Crenella? divaricata Phil.
Habita en *Cuba* (Gundl.).

M. tulipa Chemn.
Mytilus americanus Favart, Test. t. III, p. 418.
» *modiolus* Chemn. Conch. cab. VIII, p. 182, tab 85, f. 758. (1785).
Modiola tulipa Lam. part.
Mytilus americanus Orb. in Sagra, p. 350.
Habita en *Cuba!*, muy abundante: tambien en *Bahamas* (Raw.) En *Matanzas* la conocen con el nombre vulgar de **Musculos.**

Gen. Botula.

B. fusca Gml.
Mytilus fuscus Gml. Syst. nat. ed. 13. p. 3359. (1788).
» *cinnamomeus* Chemn. Conch. cab. VIII. p. 152, tab. 82, f. 731. (1785).
» *brunneus* Sol.
» *Fucanni* P. et. M.
Lithodomus cinnamomeus Orb. in Sagra, p. 352.
Habita en *Cuba!*: tambien en *Jamaica*, *Martinica* y *Santo Domingo* (Orb.) y en *Guadalupe* (Petit).

Gen. Lithodomus.

L. bisulcatus Orb.
Lithodomus bisulcatus Orb. in Sagra, p. 352, tab. 28, f. 14–16.
Habita en *Cuba!*, muy abundante: tambien en *Guadalupe*, *Martinica*, *Sto. Domingo* y *Jamaica* [Orb.].

L. caudigerus Lam.

Lithodomus caudigerus Lam., Phil, Abb. vol. II, p, 149, tab. I. f. 5.

Habita en *Cuba* (Gundl.).

L. corrugatus Phil.

Lithodomus antillarum Orb. in Sagra, p. 351, lám. 28.f. 12-13.

Habita en *Cuba!*, es abundante: tambien en *Martinica* y *Guadalupe* [Orb.].

L. niger Lister.

Pholas niger Lister, Hist. Conch., tab. 127, f. 268.

Modiola antillarum Phil.

Habita en *Cuba!*, abundante: tambien en *Martinica*, *Santo Domingo* y *Santa Lucia* (Orb.) y en *Guadalupe* (Beau).

FAM. LIMIDAE.

Gen. Lima.

L. caribaea Orb.

Lima squamosa (pars) Lam. An. s. vert. VI. p. 156.

» *caribaea* Orb. in Sagra, p. 354, lám. 28, f. 17--19.

Habita en *Cuba!*: tambien en *Guadalupe* (Beau).

L. Cubaniana Orb.

Lima cubaniana Orb. in Sagra, p. 354, lám. 28, f. 20--22.

Habita en *Cuba!*

L. scabra Born.

Ostraea scabra Born, Test. p. 110. (1780).

» *aspera* Chemn. Conch. cab. VII, p. 352, tab. 68, f. 652, (1784).

Lima glacialis Gml. Syst. nat. ed. 13, p. 3332. (1788).

Limaria asperula Lam.

Lima scabra Orb. in Sagra, p. 353.

Habita en *Cuba!*: tambien en *Martinica*, *Guadalupe* y *Santa Lucia* (Orb.) y *Bahamas* (Raw.).

FAM. AVICULIDAE.

Gen. Avicula.

A. Candeana Orb.
Avicula Candeana Orb. in Sagra, p. 358, lám. 28, f. 26--27.
Habita en *Cuba* [Orb.].

A. colymbus Bolt.
Avicula colymbus Bolt.
» *hirundo* Chemn.
» *atlantica* Lam.
Habita en *Cuba* (Gundl.) y en *Bahamas* (Raw.).

A. Guadalupensis Orb.
Avicula Guadalupensis Orb. in Sagra, p. 357, lám. 28, f. 23,24.
Habita en *Guadalupe* (Orb.).

A. squamulosa Lam.
Avicula squamulosa Lam. An. s. vert. VI. p. 149.
» » Orb. in Sagra, p. 357.
Habita en *Cuba!*, *Martinica*, *Guadalupe*, *Santa Lucía* y el *Brasil* (Orb.).

Gen. Meleagrina.

M. longisquamosa Orb.
Meleagrina longisquamosa Dkr. Zeitschr, f. Malak. (1852).
Habita en *Cuba* (Poey).

M. pica Phil.
Meleagrina pica Phil.
Habita en *Cuba* (Poey).

M. radiata? Lam.
Meleagrina radiata? Lam.
Habita en *Cuba* (Poey) y en *Bahamas* (Raw.).

Gen. Isognomon.

I. alatum Gml.

Ostraea alata Gml. Syst. nat. ed. 13. p. 3339 (1788).

Perna obliqua Lam. An. s. vert. p. 140 (1819).

» » Orb. in Sagra. p. 359.

Habita en *Cuba*,! muy abundante: tambien en *Martinica* (Orb.) y en *Bahamas* (Raw.)

I. Chemnitzianum Orb.

Perna Chemnitziana Orb. in Sagra, p. 359.

Habita en *Cuba*, *Martinica* y *Santa Cruz* (Orb.).

I. constellatum Conrad.

Habita en *Cuba* (Gundl.).

I. perna L.

Concha semiaurita Chemn. (non L.), Conch. cab. VII, p. 250, tab. 59, f. 579. (1781).

Ostraea perna L. Gml. Syst. nat. ed. 13, p. 3338. [1788].

Perna sulcata Lam.

» *Limnaei* Pfr.

» *Lamarckiana* Orb. in Sagra, p. 360. (1846).

Habita en *Cuba* (Gundl.), *Martinica* (Orb.) y *Bahamas* (Raw.).

FAM. PECTINIDAE,

Gen. Pecten.

P. antillarum Recluz.

Pecten antillarum Recluz in Journ. Conch. VI. p. 153, tab. V. f. 1. [1853].

Habita en *Cuba*!: tambien en *Guadalupe* (Beau) y *Bahamas* [Raw.].

P. exasperatus Sow.

Pecten exasperatus Sow.

Habita en *Cuba!*, abundante: tambien en *Bahamas* [Raw.].

P. gibbus L.

Ostraea gibba L. Syst. nat. p. 1147. [1767].

Ostraea turgida Gml. Syst. nat. ed. 13. p. 3227. [1789].

Pecten gibbus Orb. in Sagra. p. 362.

Habita en *Cuba!*, muy abundante.

P. multisquamatus Dkr.

Pecten multisquamatus Dkr. Novit. Conch. p. 67, tab. XXIII, f. 1--3.

Habita en *Cuba*, en la bahía de la *Habana* [Dr. Coronado].

P. nodosus L.

Ostraea nodosa L., Syst, nat. 1145. [1767].

Pecten nodosus Orb, in Sagra, p. 363.

Habita en *Cuba!*, abundantísimo en la bahía de la *Habana*; la draga del puerto ha extraido infinitos ejemplares muertos que yacian en el bajo Luz. Tambien se halla en *Guadalupe* y *Martinica* [Orb.] y en *Bahamas* [Raw.].

P. ornatus Lam.

Pecten ornatus Lam. [non Desh.] An. s. vert. VI, p. 176. [1819].

» » Rve. sp. 68.

» » Orb. in Sagra, p. 363.

Habita en *Cuba!*: tambien en *Santa Lucia* y la *Florida* (Orb.) y en *Bahamas* [Raw.].

Gen. Vola.

V. zigzag L.

Ostraea zigzag L. Syst. nat. p. 1144. [1767].

Janira zigzag Orb. in Sagra, p. 361.

Habita en *Cuba!*: tambien en *Guadalupe*. *Martinica*, *Santa Lucia*, *Sto. Domingo* y *San Thomas* (Orb.) y en *Bahamas* [Raw.],

Gen. Spondylus.

S. croceus Chemn.
Spondylus croceus Chemn.
Habita en *Cuba!*, abunda muerto en el bajo *Luz* de la bahía de la *Habana*.

S. echinatus Martyn.
Ostraea echinata Martyn. Conch. univ., tob. 53, f. 2. [1789].
Spondylus longitudinalis Lam. An. s. vert. VI, p. 191. [1818].
» *echinatus* Orb. in Sagra, p, 366.
Habita en *Cuba*, *Martinica* y *Guadalupe* (Orb.).

S. folia-brassicae Chemn.
Spondylus folia-brassicae Chemn, Conch. cab. XI, p. 234, tab. 203, f. 1987--8.]1795].
Spondylus americanus Lam. An. s. vert. V. p. 188. (1819).
» *folia-brassicae* Orb. in Sagra, p. 366.
Habita en *Cuba!*: tambien en *Sto Domingo y Martinica*. (Orb.).

Gen. Plicatula.

P. ramosa Lam.
Spondylus Barbadensis Petiver.
» *plicatus*, var., L.
Plicatula ramosa Lam. An. s. vert. VI. p. 184.
» *depressa* Lam.
» *reniformis* Lam.
» *cristata* Lam.
» *spondyloidea?* Meusch.
» *Barbadensis* Orb. in Sagra, p 367.
Habita en *Cuba!*, abundante: tambien en *Bahamas* [Raw.].

FAM. CHAMACIDAE.

Gen. Chama.

Ch. arcinella L.
Chama arcinella L. Syst. nat. p. 1139.
Cardium crista-galli Martyn.
Arcinella spinosa Schum.
Chama arcinella Orb. in Sagra, p. 368.
Habita en *Cuba!*: tambien en *Martinica* y *Guadalupe* (Orb.).

Ch. florida Lam.
Chama florida Lam.
Habita en *Cuba!*, abunda: tambien en *Bahamas* [Raw.].

Ch. foliacea Gml.
Chama foliacea Gml. Syst. nat. ed, 13, p. 3304.
Habita en *Cuba!*, abunda.

Ch. macrophylla Chemn.
Chama macrophylla Chemn. Conch. cab. VII, p. 149. tab. 52. f. 514--515. (1782).
» *imbricata* Lam.
» *macrophylla* Orb. in Sagra, p. 369
Habita en *Cuba!*: tambien en *Bahamas* [Raw.].

Ch. sarda Rve.
Chama sarda Rve,
Habita en *Cuba!*: tambien en *Guadalupe* (Petit) y *Bahamas* (Raw.)

Ch. varians Dkr.
Chama varians Dkr.
Habita en *Cuba!*

FAM. OSTRAEIDAE.

Gen. Ostraea.

O. folium L.
Ostraea folium L. Syst. nat. p. 1148. (1767).
» *frons* L., Chemn. VIII, f. 6861.
» *rubella* Lam. An. s. vert. p. 211 n° 36. (1819).
» *limacella* Lam. loc. c. n° 37.
» *crucella* Lam.
» *folium* Orb. in Sagra, p. 370.
Habita en *Cuba!*, abunda: tambien en *Bahamas* (Raw.)

O. parasitica Gml.
Ostraea parasitica Gml. Syst. nat. ed. 13. p. 3336. (1788).
Habita en *Cuba!*, es muy abundante. El vulgo le conoce con el nombre de **Ostion**. Vive sobre los mangles (*Rizophora mangle L.*).

O. spreta Orb.
Ostraea spreta Orb. in Sagra, p. 370, lám. 28, f. 30.
Habita en *Cuba* (Orb.).

Gen. Anomia.

A. ephippium L.
Anomia ephippium L., var. electrica.
» *simplex* Orb. in Sagra, p. 371, lám. 28, f. 31--33.
Habita en *Cuba!*, muy abundante; frecuentemente se halla sobre el carapacho de la *Lupea diacantha:* tambien en *Martinica.* (Orb.)

BRACHIOPODA.

FAM. TEREBRATULIDAE.

Gen. Terebratule.

T. Cubensis Pourt.

Terebratula cubensis Pourt. Bull. Mus. Comp. Zool. nº 6. p. 106, 109.

Habita en *Cuba* (Pourt.) á 270 brazas de profundidad.

Gen. Terebratulina.

T. Cailleti Crosse.

Terebratulina Cailleti Crosse, Journ. Conch. XIII, p. 27, tab. 1, f. 1–3. (1865.).

» » Pourt. Bull. Mus. Comp. Zool. nº 6. p. 106, 109.

Habita en *Cuba*, pescada en las costas de la Habana por el Sr. Pourtales á 270 brazas de profundidad; tambien en *Guadalupe* (Crosse).

Gen. Waldheimia.

W. Floridana Pourt.
Waldheimia floridana Pourt. Bull. Mus. Comp. Zool. nº 6. p. 106, 127.
Habita en *Cuba* (Pourt).

FAM. ORBICULADEA.

Gen. Orbicula.

O. Antillarum Orb.
Orbicula antillarum Orb. in Sagra, p. 371, lám. 28, f. 34–36.
Habita en *Cuba* [Orb.].

SUPLEMENTO 2°

Oleacina incisa Pfr.

Vide pag. 97.—Habita *Pan de Azúcar!* in provincia *Pinar del Rio.*

Pupa tenuilabris Gundl.

Pupa tenuilabris Gundl. Pfr. Mal. Bl. XVII, 1870, p. 91.
Habita *Barigua!* prope *Baracoa.*

Cylindrella abdita Arango, n. sp.

Testa breviter-rimata, ventroso-cylindracea, solidula, nigro-fusca, costis compressis albidis subrectis remotis munita; spira a medio sensim attenuata, truncata, anfractus, superstites 9–10 parum convexi, ultimus breviter solutus, costis haud confertioribus, basi subcarinatus; apertura vix obliqua, subcircularis; columella parum plicata; peritrema expansum. Columna interna 3-lamellata. Long. testae truncatae 17, diam. 1½, apert. diam. 1¼ mill.

Similis **Cylindrellae Vignalensi**, differt forma, colore et costis remotis.

Habitat locum *Hato de Morales* in provincia *Pinar del Rio.*

Cylindrella unguiculata Arango, n. sp.

Testa breviter-rimata, cylindraceo-turrita, tenuis, pellucida, fasciis albidis distantibus ornata, anfractubus inferne sublaevigatis, superne ex suturae dentibus unguiculaeformibus subcostulatis; spira sub lente attenuata, truncata, anfr. superstites 7--8 planiusculis, ultimus breviter solutus, antice subcarinatus, remote costatus; apertura obliqua, circularis; peritrema breviter expansum et reflexiusculum. Columna interna filoso-torta. Long. testae truncatae 9½—10, diam. 2½, apert. diam. 2 mill.

Forma solummodo **Cylindrellae concretae**, sed quoad suturae structuram cum nulla specie Cubana comparanda.

Habitat circa oppitum *Pinar del Rio.*

Cylindrella remota Arango, n. sp.

Testa cylindraceo-turrita, teniuscula, chordato-costata, diaphana, pallide cornea, costulis remotis, albidis (unicum specimen) apice truncato, anfractus superstites 10, planiusculi, ültimus basi subcarinatus, antice solutus; apertura subcircularis, peritrema breviter expansum, loco carinae subangulatum.—Columna interna lamella unica circumvoluta.—Long. testae truncatae 13 mill; diam. 3 mill.

Testa persimilis **Cylindrellae Güirensi**, sed anfractus latiores, planiores et columna interna unilamellata—et **Cylindrellae Gutierrezi**, sed columella diversa et costulis delitioribus.

Habitat *Sierra de Güira* in parte occidentali insulae *Cubae.*

Cylindrella Hidalgoi Arango.

Vide pag. 107.—Var. costulata vel dentibus suturae in costulas prolongatis.

Habitat saxum *Mogotes del Cerro de Cabras!* dictum in plantatione *Vega de Curull* prope *Pinar del Rio*,

Planorbis Esperanzensis Tryon.

Planorbis Esperanzensis Tryon, Amer. Journ, Conch. Vol. II, p. 10, t. 2, f. 11--13.

Habitat plantatione *Ingenio Esperanza* prope *Pinar del Rio.*

FAM. TEUTHIDAE. (*)

Gen. Onychoteuthis.

O. Bergii Licht.

Onychoteuthis Bergii Licht, Isis p. 1592, t. XIX, f. A. (1818).

Onychia angulata Lesueur, Journ. of. the Acad. of. nat. sc. of. Phil. t. II, p. 99, pl. 9, f. 3. (1821).

Loligo Bartlingii Lesueur, loc. c. p. 95, nº 4. (1821).

« *felina* Blainv , Dict. p. 139, t. XXVII (1823).

« *uncinata* Q. et. G. Zool. de l'Uranie, t. 1, p. 410, pl. 66, f. 7.

Onicholeuthis Lessonii (Fér.) Orb., Tableau meth. des Cephal. p. 60--63 (1825).

» *Fleuryi* Reinaud, Cent. de Lesson p. 61, pl. 17.

» *Bergii* Orb. in Sagra, p. 20.

Habita el mar de las *Antillas* y gran parte del mundo (Orb.).

O. cardioptera Peron.

Loligo cardioptera Peron. Voy. Atlas pl. 60, f. 5 (1804).

(*) Esta familia debe colocarse entre las páginas 148 y 149, á continuacion de la **Fam. Loliginidae.**

Onychoteuthis cardioptera Orb. in Sagra, p. 22.
Habita en los golfos de *México* y *Stream*. (Orb.).

O. caribaea Lesueur.

Onychia caribaea, Lesueur, Journ. of the Acad. of nat. sc. Phil. t. II, p. 98. pl. 9, f. 1, 2 (1821).
Onychoteuthis caribaea Orb. in Sagra, p. 23.
Habita los mismos mares que la anterior.

Gen. Ommastrephes.

O. Bartramii Lesueur.

Loligo Bartramii Lesueur, Journ. of the Acad. nat. sc. Phil. II. p. 90, pl. 7 (1821).
» *sagittata* Blainv. Dict. des Sc. nat. tom. XXVII, p. 140 (1823).
Ommastrephes Bartramii Orb. in Sagra, p. 24.
Habita el mar de las *Antillas* y gran parte del mundo (Orb.).

Chemnitzia turritella Pfr.

Parthenia turritella Pfr.

Chemnitzia turritella Ad. in Proc. Zool. Soc. p, 80. (1853.)
Habita en *Cuba*, (Cuming).

Neritina meleagris Lam.

Nerita meleagris Lam., An. s. vert. VI., 2ª part. p. 187 (1822).
Neritina meleagris Orb, in Sagra, p. 171.
Habita en *Cuba*, *Guadalupe* y *Brasil*. (Orb.).

Advertencia.—Todas las especies descritas por el Sr. D'Orbigny en la Historia física, política y natural de Cuba, que publicó el Sr. Sagra, quedan citadas, excepto las que á continuacion se expresan, porque es muy probable que no habiten los mares de Cuba.

Octopus tuberculatus Bl.	**Trochus concavus Gml.**
Bulla ampulla L.	**Cypraea moneta L.**
Marginella caerulescens Lam.	**Purpura vexillum Lam.**
marginata Born.	**Murex messorius Sowb.**
interrupta Lam.	**Ranella crassa Reeve.**
Olivancillaria leucostoma Ducl.	**Turbinella polygona Gml.**
Strombus lentiginosus L.	**Fisurella nimbosa L.**
Purpura haemastoma Gml.	**Ericina donacina Recluz.**

Otra.—Como esta publicacion comenzó en 15 de Marzo de 1878 por pliegos sueltos, que se repartian con los Anales de la Real Academia de Ciencias médicas, físicas y naturales de la Habana, bueno será citar las fechas en que han visto la luz los pliegos que contienen descripciones de especies nuevas. Son los siguientes: Pliego 3, en Mayo 15 de 1878; Pliego 12, en Enero 15 de 1879; Pliego 14, en Febrero 15 de 1879; Pliego 15, en 15 de Abril de 1879; Pliego 17, en Junio 15 de 1879, y los demás en 15 de Julio del presente año de 1880, fecha en que termina.

INDICE.

	Pág.

Pág.

Pág.

28

ADDENDA ET CORRIGENDA.

Págs.	*Líns.*	*Dice.*	*Léase.*
4	18	Pseudobolea	'Pseudobalea
7	9	ectophtalma	octophthalma
"	14	opisophtalma	opisophthalma
"	15	Truncatedillae	Truncatellidae
"	16	disjuntum	disjunctum
"	20	androgina	androgyna
8	2	Pseudobglea	Pseudobalea
"	12	Pectinichanchiata	Pectinibranchiata
10	19	f. 38	f. 138
11	26	Añádase despues de *absentia: tuberculi*	
13	25	p. 110	p. 109
16	21	rugulousm	rugulosum
17	1	Añádase despues de Suppl: II	
18	6	simil·ssima	simillima
"	32	architectonicha	architectonicum
21	12	p. 278	p. 272
"	31	Gundl	Gould
22	23 y 25	interstitiale	interstitialis
22	36	p. 247	p. 248
23	32	p. 143	p. 134
25	2	p. 137	p. 147
27	22	p. 153	p. 152
"	35	f. 5	f. 55
28	7	f. 31	f. 71
30	10	*Guane*	*Guira*
31	32	f. 16-19	16,17
34	19	297	277
"	31	Sierra de Jíquima	*Paso de Jíquima*
36	9	p. 18	p. 16
40	8	p. 6	p. 7
"	26	falda	falta
42	18	*mucronata decendente*	mucronata *descendente*
43	3	Quítese Trochatella	Methfesseli
47	1,2.4	Sagraina	Sagraiana
48	14	p. 112, 119, 444	p. 112, 119, 414
50	33	Lameriana	Lanieriana
51	22	Gundl	Gould
"	28,29	exerta	exserta
55	15	p. 238	237

Págs.	*Líns.*	*Dice:*	*Léase.*
62	3	Limiax	Limax
65		Añádase despues de la línea 17: *Helix pyramidatoides* Orb. in Sagra p. 81	
67	18	ottellina	otellina
"	27	p. 345	p. 435
68		Añádase despues de la línea 27: Chemn. ed. II, t. 100, f. 28-31	
69	3 y 9	Añádase V, p. 213	
71	10	En toda	En casi toda
"	22	Mal. Bl. VII	Mal. Bl. VIII
72	20	Quítese: en Guantánamo	
"	30	Mal Bl. IV,	Mal. Bl. VI
73	4	manilla	mamilla
74	7	Añádase V. p. 304	
76	14	p. 334	p. 344
"	19	p. 276	p. 271
77	20	Añádase: V, p. 348	
78	20	vexica	vesica
"	27	Añádase: Hel. V, p. 354	
79	9	Añádase. V, p. 393	
"	15	Bardenflecthi	Bardenflechtii
"	29	Mal. Bl. I	Mal. Bl. III
"	32	Mon. Helic. V	Mon. Helic. VI: esta errata se repite hasta la pág. 127, lo que se tendrá presente.
80	9	sepucraris	sepulcralis
"	10	p. 204	p. 203
"	26	p. 346	p. 345
87	16	(1841)	(1845)
89	16	p. 148	p. 43
90	8	*decendentibus*	*descendentibus*
91	24	*subtilissima*	*subtilissime*
"	32	*sulptura*	*sculptura*
94	6	p. 73	p. 173
100	10	p. 296	p. 396
"	12	Mem	Repert.
"	16	p. 384	p. 348
"	18	p. 320	p. 230
"	20	p. 150	p. 153
104		*Valenteni*	*Valestena*
106	4	1863	1864
107	3	uncanta	uncata
"	25 y 33	faciis	fasciis
"	32	anfractuum	anfractum
112	15	Añádase: t. 5	
113	36	elegante	eleganti
114	3	eleganti columela	elegante columella
"	4	subaequales	*subaequalibus*
117	8 y 9	Quítese: Pfr. in Mal. Bl. XII. 1865, p. 120.	
"	24	jurisdiccion	la vecindad
119	27	p. 152	p. 252
120	13	p. 31	p. 38
122	20	Gundl	Pfr
123	15	p. 197	p. 297
125	6	p. 211	p. 202,211
127	28	p. 31	p. 32
127	29	p. 35	p. 34
128	6	Añádase Pfr Mon. Helic. V, p. 38	
130		Añádase despues de la línea 15: „ Troscheli Pfr.-Bermuda	
"	17	?	Ceilan
"	26	gracillicoides	gracilicollis
133	2,13	Ctenopoma	Choanopoma
"	3	obtecta	obtecte
"	5	*accrecentes*	acrescentes
"	7	ultimo	ultimus
"	10	umbilico	umbilicum

Págs.	*Líns.*	*Dice:*	*Léase.*
137	10	p. 17	p. 45
138	1	exentricus	excentricus
141	8	p. 154	p. 153
145	9,10	tab.	tom.
146	1	ni Sangre	in Sagra
"	7	tab	tom.
"	12	Octopus	*Sepia* y póngase delante de esta línea: *Sepia octopodia* L. Syst. nat. ed. 12
"	14	p. 185,186	185,188
"	20,22	Philoneuxis	Philonexis
148	2,4,9	Sepiotheuthis	Sepioteuthis
"	3	Lam	Blainv
"	15	Leligo	Loligo
"	16	Brasiensis	Brasiliensis
"	25	Plci	Plei
149	6	Litus	Lituus
150	5,6	Lessueur	Lesueur
150	34	Ruff. de Som	Buff. de Sonn.
151	6	p. 45	p. 35
"	17	Cledora	Cleodora
"	19	p. 328	p. 238
"	27	p. 336	p. 386
152	1,3, &	Cresseis	Creseis
"	8	p. 111	p 121
154	22	Añádase 12, f. 29 31.	
156	26	p. 53	p. 63
159	13	f. 25	f. 24 27
160	16	indulata	undulata
"	32	zigxag	zigzag
164	22	Spirula	Serpula
167	14	f. 33 25	f. 33 35
"	23	scalarodes	scalarioides
"	32	Añádase: in Sagra, p. 162, lám. XII, f. 1 3.	
168	1	scalarodes	scalarioides
169	4	multicosta	multicostata
"	5	multicosta C. B. Ad	*multicostata* C. B. Ad Contr. 114
179	5	Chemn	Phil. Chemn.
"	18	Enl	Einl
172	28	(1987)	1987
173		Añádase despues de la línea 19:	" *striata* Chemn. Orb. in Sagra p. 178.
174	10	Añádase: ed. XII, p. 1235	
"	11	p. 1235	p. 3598
175	2	Hist	Syst.
175	9	1665	1685
"	13	p. 175	VII, p. 53 (1822)
"	25	Añádase: Orb. in Sagra, p. 184	
176	4,5	Hotesserianus	Hotessierianus
179	10	p. 191	190
"	16	Añádase: Orb. in Sagra, p. 195	
"	22	coelata	caelata
"	23	cellata	caelata
"	25	caellatus	caelatus
"		Añádase despues de la linea 26:	*Turbo caelata* Orb. in Sagra, p. 193.
180		" " " " 8:	*Turbo tuber* Orb. in Sagra, p. 194.
"		" " " " 18:	*Turbo brevispina* Orb. in Sagra, p. 193
181	5	scalaris	solaris
"	8,10	Turbo	Trochus
		Añádase despues de la linea 13:	*Turbo longispina* Orb. in Sagra, p. 192
			" *inermis* Orb. in Sagra, p. 192.

Págs.	*Líns.*	*Dicc:*	*Léase.*
181		Añádase despues de la línea 23: Phorus conchyliophorus (Mont.) Orb. in Sagra, p. 191.	
182		„ „ „ „ 12: Janthina exigua Orb. in Sagra, p. 199.	
183		„ „ „ „ 11: Ovula acicularis Orb. in Sagra, p. 202.	
184	6	occulata..	oculata
„	30	p. 325..	p. 1176
185	2	Añádase al fin de la línea: Syst. nat. ed. 12, p. 1177	
„		„ entre las lineas 19 y 20: L. Syst. nat. ed. 12, p. 1180	
187	4,5	vexiculata..	vesiculata
190	7	Añádase al fin de la linea: Orb. in Sagra, p. 209	
192	10,11	finibriata..	fimbriata
„		Añádase despues de la línea 17: Olivina conoidalis Orb. in Sagra, p. 213	
193		„ „ „ „ 4: Olivina nivea Orb in Sagra, p. 214	
„	11	„ al fin de la linea 11: Syst. nat. ed. 12, p. 1203, núm. 470.	
„		„ despues de la linea 11: Ancillaria glabrata Orb. in Sagra, p. 218.	
„	25	arantiacus..	arausiacus
194		Añádase despues de la línea 21: Conus nebulosus Orb. in Sagra, p. 219.	
195	18	p. 223..	p. 222.
196	27,28	Rhumph..	Rumph.
197	21	3453..	3435
		Añádase despues de la linea 23: Turritella reticulata contracta Chemn. doc. Dkr.	
198	2	„ „ „ „ 2: Cancellaria reticulata Orb. in Sagra, p. 227	
„	6	p. 223..	233
„	7,20,22	occellata..	ocellata
„	13	Orb. in Sagra p. 230..	barbadensis Orb. in Sagra, p. 230
199	31	(1859)..	(1850)
201		Añádase despues de la linea 9: Nassa polygona Orb. in Sagra, p. 235	
203	6	p. 236..	p. 238
204	15	articularis..	articulatus
206	8,9	albidus..	albidum.
210		Añádase despues de la linea 14. Murex brevifrons Orb. in Sagra p. 246	
		„ „ „ „ 28: Orb. in Sagra, p. 247	
211	14	p. 3572..	p. 3527
„		Añádase despues de la linea 17: Murex asperrimus Orb. in Sagra, p. 246	
212	14	Triton..	Tritonium
214	21	2ª ed. p. 169..	2ª ed. t. X, p. 169
219	24,25	nigresceus..	nigrescens
„	35	albocinata..	albocincta
223	4	p. 2473..	p. 3473
„	18,19	recurvirrostrum..	recurvirostrum
225		Añádase despues de la linea 15: Patella mitrula Gml. Syst. nat p. 3708: Capulus mitrulus Orb. in Sagra, p. 264	
238	4	Añádase detras 1267: Orb. in Sagra, p. 283	
239	5	p. 282..	p. 284
241	5	p. 22..	20
„	8	518..	511
242	12	Pesammobia..	Psammobia
244	8	p. 307..	p. 306
„	26	p. 521..	p. 520
245	14	Vespusiana..	Vespuciana
„	19	f. 15-17..	f. 4-5
„	21	f. 33-35..	f. 36-38
246	2	f. 36-38..	f. 33-35
„	17	Añádase detras 307: lam. XXVI f. 24-26	
247	1	p. 266..	p. 296

Págs.	*Líns.*	*Dice:*	*Léase.*
247	26	p. 1117..............................	p. 1127
248	9	211..	311
249	10	f. 31-37..	f. 35-37
250	1	Crytogramma....................................	Cryptogramma
,,	23	trigonum..	trigonium
251	16	p. 1150..	p. 1130
,,	16,18	Dysdera..	Dysera
254	23	f. 30-36..	f. 30-33
256	22	Añádase á la línea Orb. in Sagra, p. 330	
259	17	Papiridae..	Papyridea
261	23	varigatus..	variegatus
262	15	Añádase: Orb. in Sagra, p. 343	
,,	29	p. 1441..	1141
263	17,30,31	Helblingi..	Helbingii
267		Añádase despues de la linea 1: Lithodomus niger Orb. in Sagra, p. 351.	
,,	24	Ostraea..	Ostrea
269	18	Limnàei..	Linnaei
,,		y en páginas posteriores Ostraea.....	Ostrea
271	14	V...	VI.
273	14	Rizophora	Rhizophora
275	6	ORBICULADEA..................................	ORBICULADAE.
376	11	anfractos,...	anfractus
,,	12	confortioribus..................................	confertioribus
277	6	planiusculis......................................	planiusculi
,,	23	delitioribus......................................	deletioribus
280	9	Fisurella..	Fissurella

ERRATAS EN EL INDICE.

En acuminata Helicina	está	página	12	y	debe ser	52
amabilis Marginella......	,,	,,	181	,,	,,	186
ambiguum Cerithium.....	,,	,,	200	,,	,,	209
Ancylus.....................	,,	,,	133	,,	,,	137
Anelium	,,	,,	237	,,	,,	233
Autillarum Murex........	,,	,,	211	,,	,,	211
—— Nerita.......	,,	,,	172	,,	,,	172,173
Arangei Cochlolepas	,,	,,	255	,,	,,	225
—— Macroceramus..	,,	,,	94	,,	,,	85
Barbatia.....................	,,	,,	263	,,	,,	264
callosa Gastrochaena.....	,,	,,	337	,,	,,	237

www.ingramcontent.com/pod-product-compliance
Lightning Source LLC
Chambersburg PA
CBHW021503210326
41599CB00012B/1123

9783337274160